# 电力能源转型与变革

主　编　闫占新　李红军

副主编　廖小君　郝晓琴　张　放

中国水利水电出版社
www.waterpub.com.cn
·北京·

## 内 容 提 要

本书通过研究电力能源变革和发展历程，对国内外电力能源结构以及新型发电技术的发展现状进行了深入分析，重点对当前电力能源发展过程中遇到的技术难题以及相应的解决措施进行了深度剖析。为便于读者理解，本书通过现实案例，采用图片、表格及数据等多样化形式，对电力能源发展难题的核心要素进行了分析和阐述，并结合典型案例对相应解决措施的机理进行了深度解释，以帮助读者了解当前电力能源发展现状和遇到的技术难题。

本书可作为电力公司新员工入职培训、高职院校电气工程专业教学及学生专业知识拓展的重要参考书籍，也适合电力行业从业人员阅读。

**图书在版编目（CIP）数据**

电力能源转型与变革 / 闫占新，李红军主编. -- 北京：中国水利水电出版社，2022.12
ISBN 978-7-5226-1342-0

Ⅰ. ①电… Ⅱ. ①闫… ②李… Ⅲ. ①电力工业－能源发展－研究 Ⅳ. ①TM②TK01

中国国家版本馆CIP数据核字(2023)第182389号

| | |
|---|---|
| 书 名 | **电力能源转型与变革**<br>DIANLI NENGYUAN ZHUANXING YU BIANGE |
| 作 者 | 主 编 闫占新 李红军<br>副主编 廖小君 郝晓琴 张 放 |
| 出版发行 | 中国水利水电出版社<br>（北京市海淀区玉渊潭南路1号D座 100038）<br>网址：www.waterpub.com.cn<br>E-mail：sales@mwr.gov.cn<br>电话：(010) 68545888（营销中心） |
| 经 售 | 北京科水图书销售有限公司<br>电话：(010) 68545874、63202643<br>全国各地新华书店和相关出版物销售网点 |
| 排 版 | 中国水利水电出版社微机排版中心 |
| 印 刷 | 天津嘉恒印务有限公司 |
| 规 格 | 184mm×260mm 16开本 6.75印张 164千字 |
| 版 次 | 2022年12月第1版 2022年12月第1次印刷 |
| 印 数 | 001—500册 |
| 定 价 | **48.00**元 |

# 编 委 会

**主　　编：**闫占新　李红军

**副 主 编：**廖小君　郝晓琴　张　放

**参编人员：**（按姓氏笔画顺序）

邓明丽　邢大鹏　刘亚磊　刘俊南

杜　预　张婷婷　赵　斌

# 前言

在全球着力应对气候变化的大背景下，实现由以化石能源为主向以可再生能源为主的能源转型升级，可以说是解决传统能源安全供给问题的治本之策，也是塑造未来低碳经济竞争力的核心举措。特别是对自身化石能源储备不足的区域而言，保证能源安全最为重要的举措就是保障化石能源供给的可靠性。就我国能源供给而言，自给率一直保持在80%左右，远高于欧盟，但石油和天然气对外依存度依旧较高。当前，世界正经历百年未有之大变局，不稳定、不确定、不安全因素增多，新冠肺炎疫情更是对全球供应链和产业链的弹性与韧性进行了一次测试。事实证明，一旦全球供应链和产业链受阻，各国经济运行都将面临巨大压力。

能源作为社会进步和经济发展的重要物质基础，与一般工商业产品具有明显的差别。为此，加快推进能源转型，减少对化石能源的依赖，积极推进新能源开发利用，逐步构建以新能源为主体的新型供电系统，从根本上解决能源供给的安全问题，成为全球能源发展的共识。特别是全球很多国家和地区已明确提出碳中和承诺，碳关税、碳壁垒跃跃欲试，进一步加快了世界经济版图和产业竞争格局的重塑，因此加快发展低碳清洁能源，不仅是各经济体实现“绿色复苏”的重要发力点，也是各国抢占未来低碳技术产业制高点的一致行动。

本书以电力能源发展史为出发点，充分结合电力能源特性，对当前国内外电力能源结构现状以及发展趋势进行了深度剖析，特别是针对太阳能、风能等新型能源，结合其发电特性，详细阐述了新能源在发展过程中遇到的技术难题，并提供了详细的解决方法及措施，为电力能源转型以及新能源开发利用提供了可借鉴的思路。

由于时间仓促，编写人员水平所限，书中疏漏和不当之处敬请读者批评指正。

**编者**

2022年12月

# 目 录

前言

**第 1 章 电力能源发展历史与现状** ······ 1
1.1 电力能源发展历史 ······ 1
1.2 世界电力能源现状 ······ 3
1.3 我国电力能源现状 ······ 12

**第 2 章 电力能源发展难题** ······ 21
2.1 电能需求增速 ······ 21
2.2 能源危机加重 ······ 23
2.3 环境污染严重 ······ 24

**第 3 章 电力能源结构变革** ······ 27
3.1 清洁能源发电技术 ······ 27
3.2 清洁能源发展现状 ······ 37
3.3 清洁能源发展难题 ······ 44

**第 4 章 能源利用方式变革** ······ 50
4.1 能源结构变化特性 ······ 50
4.2 用户负荷需求特性 ······ 52
4.3 供能系统结构特性 ······ 56
4.4 能源等效转化机制 ······ 63
4.5 能源多级利用模式 ······ 63
4.6 能源多元利用模式 ······ 65

**第 5 章 能源网络结构变革** ······ 68
5.1 微电网技术 ······ 68
5.2 智能电网技术 ······ 73
5.3 特高压技术 ······ 82
5.4 综合能源系统 ······ 89

**第 6 章 总结与展望** ······ 96
6.1 总结 ······ 96
6.2 展望 ······ 96

参考文献 ······ 97

# 第 1 章

# 电力能源发展历史与现状

## 1.1 电力能源发展历史

能源，是人类利用的自然界能量资源的总称。人类在不断征服自然、改造社会的斗争中，逐步加深、扩大对能源的认识和利用，能源发展史和社会发展史总是紧密联系在一起的。作为人类活动的基础，目前关于如何定义能源这一概念有很多种观点，其中具有代表性和权威性的是我国《能源百科全书》中对能源的定义："为人类提供某种形式量的物质资源，是物质运动和能源的源泉。"

闪电作为电能的一种展现形式，初始时期，它被人们认为是神的行为。1708 年，英国人沃尔首次认为闪电是由静电产生的。1746 年，莱顿大学教授缪森布鲁克发明了一种存储静电的瓶子，这就是后来很有名的莱顿瓶。莱顿瓶如图 1.1 所示。缪森布鲁克的初始构想是把电像水一样装进瓶子里。首先，他在瓶子里装上水，然后用一根金属丝把摩擦过的玻璃棒放到水里。当他的手接触到瓶子和玻璃棒的一瞬间，他被重重地"电击"了一下。据说，他对助手说："就算是国王命令，我也不想再做这种可怕的实验了。"

1752 年，富兰克林联想到缪森布鲁克往莱顿瓶储存电的事情。在一个雷雨天，他把一个风筝放到雷雨里进行实验。富兰克林放风筝实验如图 1.2 所示。结果证实，云朵时而带正电，时而带负电。这个有名的风筝实验，引起了许多科学家的兴趣，并纷纷效仿。

图 1.1 莱顿瓶

图 1.2 富兰克林放风筝实验

1820年，丹麦哥本哈根大学教授奥斯特在一篇论文中公布了他的一个发现：在与伏打电池连接的导线旁边放一个磁针，磁针马上就会发生偏转。俄罗斯的西林格读了这篇论文，他把线圈和磁针组合在一起，发明了电报机，这可说是电报的开始。其后，法国的安培发现了关于电流周围产生的磁场方向问题的安培定律，法拉第发现了划时代的电磁感应现象（图1.3），电磁学得到了飞速发展，为电力事业的发展奠定了根本性基础。

1832年，法国人毕克西发明了手摇式直流发电机，其原理是通过转动永磁体使磁通发生变化而在线圈中产生感应电动势，并把这种电动势以直流电压形式输出。1866年，德国的西门子发明了自励式直流发电机。1869年，比利时的格拉姆制成了环形电枢，发明了环形电枢发电机。环形电枢发电机是用水力来转动发电机转子的，经过反复改进，于1847年得到了32kW的输出功率。1882年，美国的戈登制造出了输出功率447kW、高3m、重22t的两相式巨型发电机。戈登两相式巨型发电机如图1.4所示。

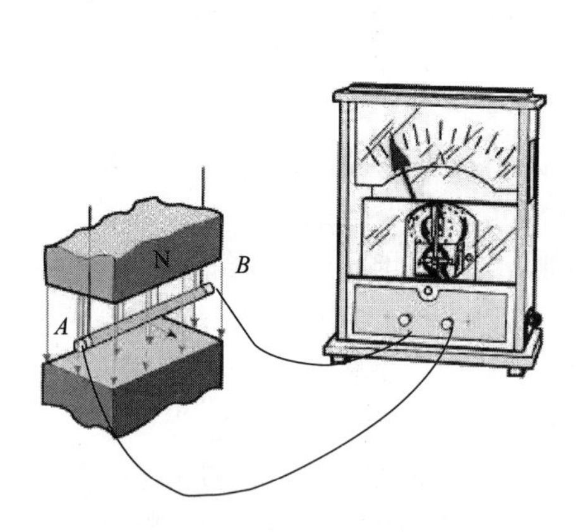


图1.3 电磁感应现象

图1.4 戈登两相式巨型发电机

美国的特斯拉在爱迪生公司的时候就决心开发交流电机，但由于爱迪生坚持只搞直流输电技术，因此他把两相交流发电机和电动机的专利权卖给了西屋公司。1896年，特斯拉的两相式交流发电机（图1.5）在尼亚拉发电厂开始运行，将3750kW、5000V的交流电一直送到40km外的布法罗市。

1889年，西屋公司在俄勒冈州建设了发电厂，1892年成功地将15000V电压送到了皮茨菲尔德。1875年，法国巴黎北火车站建成世界上第一座火电厂，安装经过改装的格拉姆直流发电机，为附近照明供电。1879年，美国旧金山实验电厂开始发电，这是世界上最早出售电力的电厂。1882年，美国建成纽约珍珠街电厂，装有6台直流发电机，总装机容量为900马力（约670kW），以110V直流电供电灯照明。这是世界上第一座较正规的电厂。在此前后，世界各国陆续建成几座容量为千千瓦级的电厂，其中伦敦著名的德特福德火电厂就是在这一时期投运的德特福德火电厂如图1.6所示。

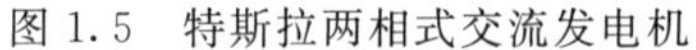

图 1.5　特斯拉两相式交流发电机

图 1.6　德特福德火电厂

1881 年，世界上第一座水电站在英国的戈德尔明建成。1882 年，美国在威斯康星州的福克斯河上建成第二座水电站，水头为 3m，装机容量为 10.5kW。进入 20 世纪 90 年代，水电站的规模发展到万千瓦级以至十万千瓦级。如美国的尼亚加拉水电站，设计装机容量为 14.7 万 kW，这是商业性水电站的发端。20 世纪末，巴西和巴拉圭合建的伊泰普水电站，是中国的三峡水电站未建成时世界上最大的水电站，装机容量为 1400 万 kW，年发电量为 900 亿 kW·h。

第二次世界大战期间，核技术的应用为电力能源发展提供了新的思路。1954 年，苏联成功研制第一台 5000kW 核电机组，在奥布宁斯克建成第一座核电站。奥布宁斯克核电站如图 1.7 所示。

图 1.7　奥布宁斯克核电站

当前，电力已经成为社会进步和经济发展的核心动力，并且受到世界各国的高度重视。随着计算机、微电子、材料科学等新兴学科的发展，风能、太阳能、潮汐能等能源逐步融入电力能源结构中，为电力行业的发展增添了更多活力和动力。而特高压技术的出现，使得电力能源的互联共享成为可能，特别是中国的特高压，引领着特高压输电标准，必将带动其他国家实现电力能源的互联共享。

## 1.2　世界电力能源现状

随着全球人口总量的不断增加及经济的持续发展，煤炭、石油、天然气等传统能源在环保、经济等方面受到越来越严峻的挑战。经济社会、资源环境、科学技术等多方面因素使得经济社会发展对能源的依赖程度不断增加，生态和环境对能源发展的约束越来越强，新一轮能源技术革命正在全球范围孕育和发展。越来越多的国家开始开发利用可再生清洁能源，并纷纷制定相关政策，全球电力能源结构正向低碳、绿色、环保转型。

### 1.2.1 世界能源消费结构

#### 1.2.1.1 当前能源结构

当前，世界能源形成了以石油、天然气、煤炭为主，水电、核能、风能、太阳能为辅的结构，并朝着更加高效、清洁、低碳的方向发展。虽然能源技术革新、能源品种替代周期逐渐缩短，但能源结构和基本能源技术的更新换代仍然需要经历很长时间。20年前能源主要来源于石油，约39%的能源消耗量来自石油，虽然石油的耗用量占比在20年里下降了8%，目前仅占31%，但依旧是最主要的电力能源。煤炭则经历了先增后减的过程，从2001年开始煤炭的使用量快速增长，在2012年达到增长高峰，随后在2015年开始消费量逐步减少。天然气作为清洁的化石能源，占比一直在22%以上，增速在近年相对较快。过去20年里耗用量占比的增长速度最快的是可再生能源，从2000年的2.64EJ、占比不到1%上升至2020年的31.71EJ、占比5.7%，增长超过10倍，年平均增速超过10%。核能出于安全考虑在逐年下降，目前占比仅为4%。水电占比相对较为平稳，增速与整体能源使用增速差不多。

总体来看，化石能源仍然占据主导地位。2020年，化石能源的耗用量占比约为83.10%，水电约为6.90%，可再生能源约为5.70%，核能约为4.30%。全球能源消费结构如图1.8所示。

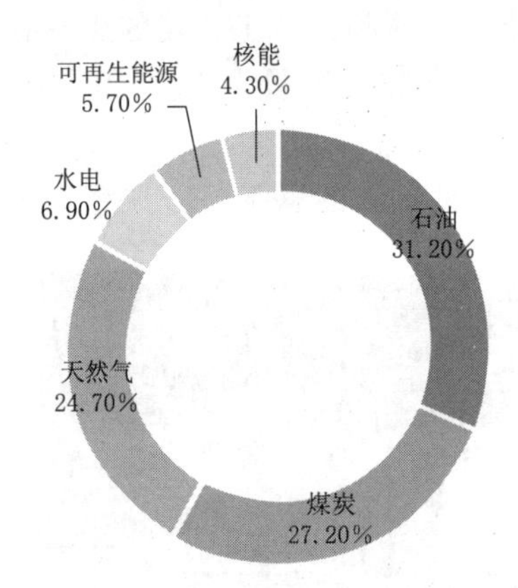


图1.8 全球能源消费结构

1. 煤炭

煤炭整体消费增速从2003年开始下降，全球煤炭年消费量在2014年达到高峰，随后开始逐步回落。2020年全球煤炭总消费量为151.42EJ，较2014年下降了超过20EJ。亚太地区是煤炭的主要消费地，2020年消费量占全球的比例接近80%。而在亚太地区又以中国的消费量最大。最近20年内，中国煤炭消费量占亚太地区总消费量的比例不低于60%，最高超过72%。2020年，中国煤炭消费占亚太地区的68%，印度占15%。短期内，中国仍然是世界范围内最大的煤炭消费国，2020年中国煤炭消费占全球的54%。

2. 石油

石油消费量在2000—2019年保持较为稳定的增长，年均增长率在1.15%。2003年后，亚太地区超越北美地区，成为石油消费量占比最大的地区。2020年，亚太地区石油消费量占全球总量的40%，北美地区为24%，欧洲地区为16%，分布相对煤炭而言较为均衡。2020年，受新冠肺炎疫情影响，石油消费量较2019年出现较大程度下滑，石油消费量最大的国家依然是美国，共消费32.54EJ，占比达18.7%；其次为中国，共消费约28.5EJ，占比达16.4%；欧盟共消费约20.03EJ，占比达11.5%。在中国石油消费量及占比逐年增加的过程中，美国、欧盟的消费量及占比逐年下降。

3. 天然气

天然气是过去20年里消费量增长速度最快的一次能源之一，2020年全球消费量较2000年增加了60%，其中增长幅度最大的地区是中东地区，增长率为201.31%，年均增长率高达5.71%。目前，全球天然气消费量最大的地区为北美地区，占比为27%；其次为亚太地区，占比为23%；欧洲、中东和独联体均占14%。按照消费增长趋势，中东将成为第三大消费地区。

从增速来看，北美地区的天然气消费前期较为平稳，2008年后保持稳定增长，亚太地区则保持持续高速增长，年均增长率高达5.4%，仅次于中东地区。2020年，全球天然气消费量最大的国家仍为美国，消费量为29.95EJ，其次为俄罗斯，消费量为14.81EJ，中国2020年天然气消费量约为11.90EJ，占亚太地区消费总量的1/3。在进一步推进碳排放量的政策大环境下，预计全球天然气消费量将保持上升趋势。

4. 核能

核能的消费量与重要程度呈现逐年下降的趋势。2020年，核能为消费量最小的一次能源。核能发电对科学技术要求较高，因此主要分布在北美、欧洲以及亚太地区，在以发展中国家为主的中南美洲及非洲等地区消耗量极小。同时，由于核能安全事故多发且后果严重，欧洲及北美地区亦逐步关停核电站并向其他替代能源转移。在2011年福岛核电站泄漏事故后，日本核能消费量迅速下滑。亚太地区核能消费量增长的主要动力来自中国。2020年中国核能消费量约为3.25EJ，较2000年上升了1843.33%，较2010年上升了365.60%，但占一次能源消费总量的比例不足2.5%。2020年，核能消费量最大的两个国家是美国与法国，美国核能消费量达7.38EJ，占全球的30%，但在其一次能源消费总量中的比例不足10%。法国核能消费量为3.14EJ，占全球的14%，占其一次能源消费总量的36.09%，为世界上对核能依赖程度最高的国家。

5. 水电

水电作为一种使用较为广泛的清洁能源，2020年水电消费量占一次能源总消费量的7%。过去20年里，亚太地区是水电消费量增加最为明显的地区，增长的主要动力同样是中国。其余地区水电消费量大体保持平稳。2020年，全球水电消费量最大的国家是中国，共消费11.74EJ，占全球水电总消费量的30.77%，较2000年增长超过5倍。北美、南美以及欧洲水电消费量最高的国家分别为加拿大、巴西以及挪威。加拿大与巴西水电消费量占其一次能源消费量的比例超过25%。挪威对水电的依赖程度最高，水电占比接近65%。

6. 可再生能源

可再生能源包括风能、地热及生物质能等，是近年来发展速度最快的一次能源。2020年，全球可再生能源的消费量为2000年的12倍。目前可再生能源消费量最大的地区是亚太地区，占比近40%，最大的消费国是中国，其次为美国。欧洲可再生能源的绝对使用量虽然仅占全球的28%，但是在其能源结构中的比重基本上全球最高。

#### 1.2.1.2 地区结构

从地区结构来看，北美、欧洲以及亚太地区是一次能源的主要消耗地。2000年后，亚太地区超越北美地区，成为一次能源消费量最大的地区，并且消费量不断攀升。在过去的20年里，亚太地区的一次能源消费量增长超过一倍，而北美、欧洲地区的一次能源消费量则呈下滑趋势。

北美地区一次能源消耗量最大的国家是美国。2020年美国一次能源消费量为87.79EJ，占地区总量的81.67%。而亚太地区的最大消费国是中国，2020年消费量为146.46EJ，占地区总量的57.44%。

从地区能源消费结构来看，不同国家与地区之间存在显著差异。美国、欧盟成员国以及中南美洲国家消费量最大的一次能源均为石油。美国在页岩气革命之后一跃成为世界上最大的天然气生产国，因此，美国2020年的天然气耗用占比与石油不相上下，原油和天然气占能源消耗的比重分别达35%、38%，显著高于欧盟及中南美洲国家，全年消费量达到29.95EJ，为全球之最。与此同时，美国的可再生能源需求增长快速，虽然基数低，但依然从20年前仅占1%增长至7%，与煤炭的10%和核能的8%接近。

中南美洲地区多地处热带，水网密布且降水量丰富。优越的自然条件为其水电发展提供了良好的基础。2020年中南美洲地区水电消费占比约为22.40%，全球其他地区水电消费占比均不超过10%。巴西是中南美洲的代表国家，年度能源消耗量约为12EJ，主要消费能源来自石油和水电，分别占38%和29%，但两者的占比均明显下降，份额主要分给了可再生能源。巴西可再生能源也保持较高增速，从4%增长至17%。

欧盟成员国多数经济发达且科学技术先进。欧盟地区也是全球推进碳减排的先锋，在过去的20年里，欧盟地区煤炭与石油的消费量显著下滑，天然气消费量保持平稳，可再生能源消费量大幅度上升。

目前英国的主要能源消费来自于石油和天然气，分别占比35%和38%，可再生能源消费占比同样快速提升，20年间从1%增长至17%。而可再生能源中，风能的占比提升到了56%，也就是说风能的变化将影响英国约8%的能源供应。但是，煤炭、核能以及水电则压缩至非常低的水平。

德国相对于英国来说能源供应较为多元化，主要能源来源中还保留着煤炭，占比为15%，但前三大能源消费依然来自石油、天然气和可再生能源，消费占比分别为35%、26%和18%。德国的再生能源中，风能的使用比例也达到53%。

中东与俄罗斯地区均有丰富的天然气资源，天然气在一次能源消费占比中均超过50%。中东地区能源消费结构较为单调，天然气与石油分别占55%和43%，合计超过98%。中东地区与独联体地区拥有丰富的天然气资源，因此天然气在该地区国家的能源消费结构中占主导地位，消费总量远高于其他一次能源。

### 1.2.2 世界电力发展趋势

电力行业是国民经济重要的基础行业，在经济中的地位突出，全球各个国家对于电力行业的发展都相当重视。据BP（英国石油公司）数据，2019年全球发电量达27005TW·h时，同比增长1.3%，增速下降；2020年新冠肺炎受疫情影响进一步下降。按燃料类别来看，电力生产依靠的燃料主要有原油、天然气、原煤等，当前仍然以原煤发电为主，但是占比不断下降。我国作为全球发电量持续稳居世界第一的国家，对于全球发电能源结构影响起着重要的作用，我国不断限制煤炭燃料的使用，推动原煤发电量下降。

据BP数据，2015—2020年全球发电量持续增长，2019年达到27005TW·h，同比增长1.3%。2020年，由于新冠肺炎疫情的冲击，全球发电量“由正增长，变成负增长”，初步估计达到 26465TW·h。2015—2020 年全球发电量如图 1.9 所示。按国别来看，我国的发电量继续稳居世界第一，并逐年拉大了对第二名美国的差距。据 BP 数据统计结果，我国发电量超过 7.5 万亿 kW·h，同比增长 4.7%，约为全球总发电量的 27.8%，主要原因在于我国仍处在工业化进程中，对电力的需求量大。

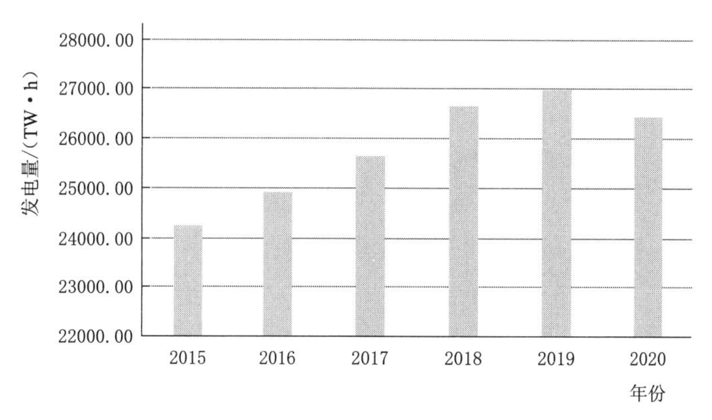


图 1.9 2015—2020 年全球发电量

按燃料类别来看，据 BP 数据统计结果，2018—2019 年全球仍然以煤炭发电为主，占比为 36%～38%，但是占比呈不断下降的趋势，2019 年原煤发电量占比为 36.38%，较 2018 年下降 1.48 个百分点。2016—2020 年全球燃料发电情况如图 1.10 所示。其中，燃气等清洁能源发电量占比呈上升趋势，由 22.82%上升至 23.32%，未来有超过燃煤成为第一大发电燃料的趋势。

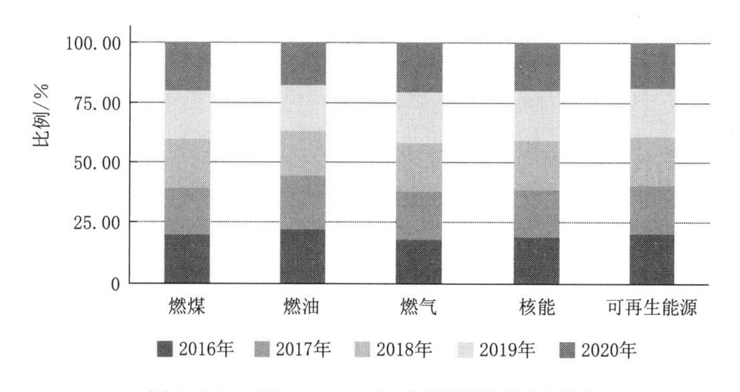


图 1.10 2016—2020 年全球燃料发电情况

我国作为发电量持续稳居世界第一的国家，对于全球发电能源结构的变化起到了极其重要的促进作用，当前我国在逐渐减少煤炭使用量，逐渐限制煤炭发电站的数量，积极发展绿色能源。近两年，我国在此领域投资超过 2 万亿元人民币。

目前，我国世界太阳能板生产在世界处于绝对领先地位。此外，还在积极发展水电，建设风电站。据全球风能理事会（GWEC）测算，未来十年仅海上风能就将增加到 234GW，中国将占其中的 1/5。

根据惠誉评级机构数据，2020 年，煤炭在我国总能源平衡中的份额首次下降到 50%

以下，非化石类能源所占比例为34%，可再生能源在总能源平衡中有所增加。由此可见，我国能源结构的升级有效推动了全球发电清洁化的发展。

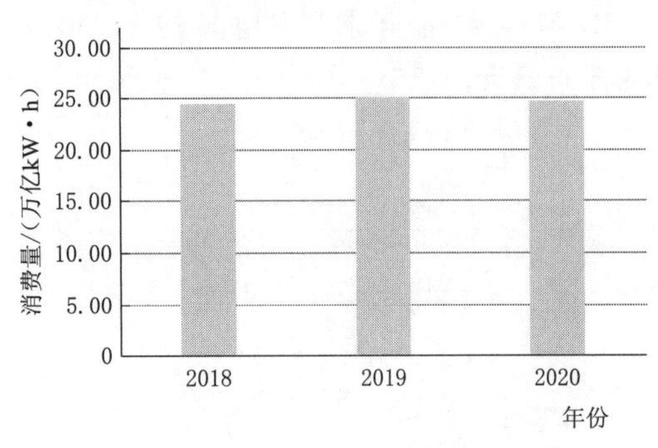


图 1.11 2018—2020 年全球电力消费变化情况

总体而言，自2018年起，原煤发电量开始下降，2019年下降了2.65%，达到约9824TW·h，2020年进一步下降至约9500TW·h。2019年，全球电力消费为25.2万亿kW·h，较2018年增长2.0%，增速创2010年以来新低，主要由全球经济低迷及欧美冬季气候温和导致。2018—2020年全球电力消费变化情况如图1.11所示。但是随着全球经济和社会的稳定与恢复，清洁能源的快速发展带动了清洁电力生产比重的提高，电力需求呈现稳步回升态势。2050年，全球电力需求预计约达61万亿kW·h，较2018年增长约1.5倍，年均增长2.9%。

### 1.2.3 世界电力生产结构

电力行业是关系国计民生的基础行业，是世界各国经济发展战略中优先发展的重点。随着全球电源结构的不断优化（火电比重下降，清洁能源发电在电源结构中的占比呈现上升态势）以及节能减排和环保力度控制的加强，加之清洁能源技术的不断突破，火电在电源结构中的占比下滑得越加明显。2015—2020年全球电力生产结构变化见表1.1。

**表 1.1　2015—2020 年全球电力生产结构变化**　单位：TW·h

| 发电量 | 年份 | | | | | |
|---|---|---|---|---|---|---|
| | 2015 | 2016 | 2017 | 2018 | 2019 | 2020 |
| 全球发电量 | 24270.50 | 24915.20 | 25623.90 | 26659.10 | 27001.00 | 26823.20 |
| 燃煤发电量 | 9538.00 | 9451.00 | 9806.20 | 10101.00 | 9824.10 | 9421.40 |
| 燃油发电量 | 990.00 | 958.40 | 870.00 | 802.80 | 825.30 | 758.00 |
| 燃气发电量 | 5543.00 | 5849.70 | 5952.80 | 6182.80 | 6297.90 | 6268.10 |
| 核能发电量 | 2571.00 | 2612.80 | 2639.00 | 2701.40 | 2793.00 | 2700.10 |
| 可再生能源发电量 | 5534.00 | 6058.30 | 6408.60 | 6827.30 | 7261.30 | 7675.60 |

注　根据不同统计口径，数据存在偏差。

由于各国所处的地理位置不同，电力能源结构也存在较大差异，这就构成了世界各国各不相同的电力结构。目前，能源所处的时代已经从化石能源时代进入碳中和时代，即要求世界各国在2050年碳排放为零。人类利用能源将发生根本性的变革，碳中和时代就是针对化石燃料燃烧排放的二氧化碳。根据BP发布的2020年报告，全球电力清洁化程度平均值为38.68%；电力清洁程度最高的地区为中南美洲，达到68.55%；电力清洁化程度最高的国家是巴西，达到86.02%。2020年世界各地电力清洁程度见表1.2。

表 1.2　　2020 年世界各地电力清洁程度

| 国家或地区 | | 发电量/(TW·h) | | | | | | | | |
|---|---|---|---|---|---|---|---|---|---|---|
| | | 原油 | 天然气 | 原煤 | 核能 | 水力发电 | 可再生能源 | 其他 | 总量 | 清洁程度/% |
| 北美洲 | 加拿大 | 3.30 | 70.90 | 35.60 | 97.50 | 384.70 | 51.20 | 0.70 | 643.90 | 82.95 |
| | 墨西哥 | 33.70 | 183.10 | 18.90 | 11.40 | 26.80 | 39.20 | — | 313.10 | 24.72 |
| | 美国 | 18.80 | 1738.40 | 844.10 | 831.50 | 288.70 | 551.70 | 13.40 | 4286.60 | 39.32 |
| | 合计 | 55.80 | 1992.40 | 898.60 | 940.40 | 700.20 | 642.10 | 14.10 | 5243.60 | 43.80 |
| 中南美洲 | 阿根廷 | 7.40 | 79.80 | 2.50 | 10.70 | 30.50 | 11.20 | 1.00 | 143.10 | 37.32 |
| | 巴西 | 7.50 | 56.30 | 22.90 | 15.30 | 396.80 | 120.30 | 1.00 | 620.10 | 86.02 |
| | 其他国家 | 78.60 | 97.40 | 51.10 | — | 233.10 | 61.30 | — | 521.50 | 56.45 |
| | 合计 | 93.50 | 233.50 | 76.50 | 26.00 | 660.40 | 192.80 | 0.10 | 1282.80 | 68.55 |
| 欧洲 | 德国 | 4.30 | 91.90 | 134.80 | 64.40 | 18.60 | 232.40 | 25.50 | 571.90 | 59.61 |
| | 意大利 | 9.70 | 136.20 | 16.70 | — | 46.70 | 70.30 | 3.10 | 282.70 | 42.48 |
| | 荷兰 | 1.30 | 72.10 | 8.80 | 4.10 | — | 32.00 | 4.00 | 122.30 | 32.79 |
| | 波兰 | 1.40 | 16.70 | 111.00 | — | 2.10 | 25.60 | 1.10 | 157.90 | 18.24 |
| | 西班牙 | 10.70 | 68.70 | 5.60 | 58.20 | 27.50 | 80.50 | 4.60 | 255.80 | 66.77 |
| | 土耳其 | 0.10 | 70.00 | 106.10 | — | 78.10 | 49.80 | 1.30 | 305.40 | 42.31 |
| | 乌克兰 | 0.70 | 13.90 | 41.20 | 76.20 | 6.30 | 9.70 | 1.00 | 149.00 | 62.55 |
| | 英国 | 0.90 | 114.10 | 5.40 | 50.30 | 6.50 | 127.80 | 7.70 | 312.70 | 61.50 |
| | 其他国家 | 17.20 | 175.40 | 145.20 | 584.30 | 469.50 | 292.80 | 29.10 | 1713.50 | 80.29 |
| | 合计 | 46.30 | 759.00 | 574.80 | 837.50 | 655.30 | 920.90 | 77.40 | 3871.20 | 64.35 |
| 独联体 | 哈萨克斯坦 | — | 21.30 | 93.00 | — | 9.80 | 3.70 | 1.40 | 129.20 | 11.53 |
| | 俄罗斯 | 10.70 | 485.50 | 152.30 | 215.90 | 212.40 | 3.50 | 4.90 | 1085.20 | 40.24 |
| | 其他国家 | 0.80 | 151.10 | 4.20 | 2.10 | 43.40 | 0.90 | 0.10 | 202.60 | 22.95 |
| | 合计 | 11.50 | 657.90 | 229.50 | 218.00 | 265.60 | 8.10 | 6.40 | 1397.00 | 35.65 |
| 中东 | 伊朗 | 82.10 | 220.40 | 0.70 | 6.30 | 21.20 | 1.00 | — | 331.70 | 8.59 |
| | 沙特阿拉伯 | 132.80 | 207.00 | — | — | — | 1.00 | — | 340.80 | 0.29 |
| | 阿联酋 | — | 131.20 | — | 1.60 | — | 5.60 | — | 138.40 | 5.20 |
| | 其他国家 | 142.60 | 277.40 | 19.00 | — | 4.30 | 11.00 | — | 454.30 | 3.37 |
| | 合计 | 357.50 | 836.00 | 19.70 | 7.90 | 25.50 | 18.60 | — | 1265.20 | 4.11 |
| 非洲 | 埃及 | 25.80 | 150.00 | — | — | 13.10 | 9.70 | — | 198.60 | 11.48 |
| | 南非 | 1.40 | 1.90 | 202.40 | 15.60 | 0.50 | 12.60 | 5.10 | 239.50 | 14.11 |
| | 其他国家 | 42.40 | 180.30 | 33.60 | — | 128.90 | 20.00 | 0.60 | 405.80 | 36.84 |
| | 合计 | 69.60 | 332.20 | 236.00 | 15.60 | 142.50 | 42.30 | 5.70 | 843.90 | 24.42 |

续表

| 国家或地区 | | 发电量/(TW·h) | | | | | | | | |
|---|---|---|---|---|---|---|---|---|---|---|
| | | 原油 | 天然气 | 原煤 | 核能 | 水力发电 | 可再生能源 | 其他 | 总量 | 清洁程度/% |
| 亚太地区 | 澳大利亚 | 4.50 | 53.10 | 142.90 | — | 14.50 | 49.90 | 0.30 | 265.20 | 24.40 |
| | 中国 | 11.40 | 247.00 | 4917.70 | 366.20 | 1322.00 | 863.10 | 51.60 | 7779.00 | 33.46 |
| | 中国台湾 | 4.20 | 99.90 | 126.00 | 31.40 | 3.00 | 10.30 | 4.90 | 279.70 | 17.73 |
| | 印度 | 4.90 | 70.80 | 1125.20 | 44.60 | 163.60 | 151.20 | 0.60 | 1560.90 | 23.06 |
| | 印度尼西亚 | 6.80 | 51.30 | 180.90 | — | 19.50 | 16.80 | — | 275.30 | 13.19 |
| | 日本 | 41.60 | 353.60 | 298.80 | 43.00 | 77.50 | 125.60 | 64.80 | 1004.90 | 30.94 |
| | 马来西亚 | 0.90 | 45.60 | 89.60 | — | 20.30 | 3.10 | — | 159.50 | 14.67 |
| | 韩国 | 7.00 | 153.30 | 208.50 | 160.20 | 3.90 | 37.00 | 4.10 | 574.00 | 35.75 |
| | 泰国 | 0.70 | 113.90 | 36.80 | — | 4.50 | 20.50 | — | 176.40 | 14.17 |
| | 越南 | 1.20 | 35.10 | 118.60 | — | 69.00 | 9.50 | 1.20 | 234.60 | 33.97 |
| | 其他国家 | 40.50 | 233.50 | 141.40 | 9.30 | 149.30 | 34.90 | 0.80 | 609.70 | 31.87 |
| | 合计 | 123.70 | 1457.10 | 7386.40 | 654.70 | 1847.10 | 1321.90 | 128.30 | 12919.20 | 30.59 |
| 世界 | 总计 | 757.90 | 6268.10 | 9421.50 | 2700.10 | 4296.60 | 3146.70 | 232.00 | 26822.90 | 38.68 |

根据BP发布的2020年的报告，2019年全球再生能源发电量为7261.3TW·h，占全球总发电量27004.7TW·h的26.9%。水力发电特别多的国家有巴西、加拿大，利用风力发电和光伏特别多的国家有意大利、西班牙、德国等，而富产化石燃料的国家美国、俄罗斯，可再生能源发电量比低。

#### 1.2.3.1 水力发电

在全球发电份额中，水力发电仅次于燃煤发电和燃气发电，居世界第三。水力发电是再生能源发电的“领头羊”，远比风力和太阳能的发电量多。智研咨询发布的《2021—2027年中国水力发电产业竞争现状及发展规模预测报告》中的数据显示，2020年全球水力发电发电量达4296.60TW·h，较2019年增加了68.92TW·h，同比增长1.60%。就地区来看，2020年北美水力发电量为700.2TW·h，较2019年增加了11.44TW·h；中南美洲水力发电量为660.40TW·h，较2019年减少了40.40TW·h；欧洲水力发电量为655.30TW·h，较2019年增加了27.41TW·h；独联体水力发电量为265.60TW·h，较2019年增加了17.12TW·h；中东水力发电量为25.50TW·h，较2019年减少了7.74TW·h；非洲水力发电量为142.50TW·h，较2019年增加了5.36TW·h；亚太地区水力发电量为1847.10TW·h，较2019年增加了55.74TW·h。

就国家来看，2020年中国水力发电量为1322.00TW·h，全球排名第一；巴西水力发电发电量为396.80TW·h，全球排名第二；加拿大水力发电量为384.70TW·h，全球排名第三。2020年中国、巴西、加拿大、美国、俄罗斯、印度、挪威、土耳其、日本和瑞典十个国家水力发电量总和占全球水力总发电量的73.03%，其中中国水力发电量占全球水力总发电量的30.77%，占比最大；巴西水力发电量占全球水力总发电量的9.23%；

加拿大水力发电量占全球水力总发电量的 8.95%；美国水力发电量占全球水力总发电量的 6.72%；俄罗斯水力发电量占全球水力总发电量的 4.94%；印度水力发电量占全球水力总发电量的 3.81%；挪威水力发电量占全球水力总发电量的 3.28%。2020 年全球水力发电量占比排名前十的国家及其水力发电量如图 1.12 所示。

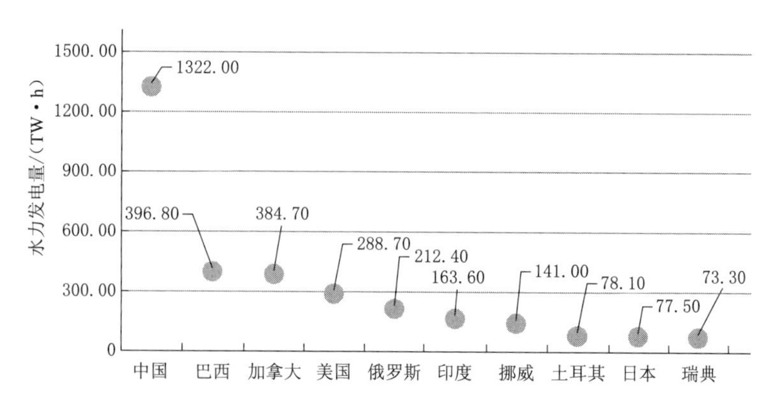


图 1.12　2020 年全球水力发电量占比排名前十的国家及其水力发电量

#### 1.2.3.2　风力发电

《2021—2027 年中国风力发电行业市场调查分析及产业前景规划报告》数据显示：就地区来看，2020 年全球各地区风力发电量均呈现不同程度的增长，2020 年北美风力发电量达 396.7TW·h，较 2019 年增加了 48.5TW·h；中南美风力发电量达 85.4TW·h，较 2019 年增加了 6.7TW·h；欧洲风力发电量达 510.1TW·h，较 2019 年增加了 50.1TW·h；独联体风力发电量达 2.6TW·h，较 2019 年增加了 1.3TW·h；中东风力发电量达 1.9TW·h，较 2019 年增加了 0.4TW·h；非洲风力发电量达 21.8TW·h，较 2019 年增加了 2.9TW·h；亚太地区风力发电量达 572.6TW·h，较 2019 年增加了 63.3TW·h。

2020 年亚太地区风力发电量占全球风力总发电量的 35.99%，占比最大；欧洲风力发电量占全球风力总发电量的 32.06%；北美风力发电量占全球风力总发电量的 24.93%；中南美风力发电量占全球风力总发电量的 5.37%；非洲风力发电量占全球风力总发电量的 1.37%；独联体风力发电量占全球风力总发电量的 0.16%；中东风力发电量占全球风力总发电量的 0.12%。

就国家来看，2020 年中国风力发电量为 466.50TW·h，全球排名第一；美国风力发电量为 340.90TW·h，全球排名第二；德国风力发电量为 131.00TW·h，全球排名第三；英国风力发电量为 75.60TW·h，全球排名第四；印度风力发电量为 60.40TW·h，全球排名第五。2020 年全球风力发电量排名前十的国家及其风力发电量如图 1.13 所示。

2020 年，中国、美国、德国、英国、印度、巴西、西班牙、法国、加拿大和瑞典十个国家风力发电量总和占全球风力总发电量的 81.03%，其中中国风力发电量占全球风力总发电量的 29.32%，占比最大；美国风力发电量占全球风力总发电量的 21.43%；德国风力发电量占全球风力总发电量的 8.23%；英国风力发电量占全球风力总发电量的 4.75%；印度风力发电量占全球风力总发电量的 3.80%。

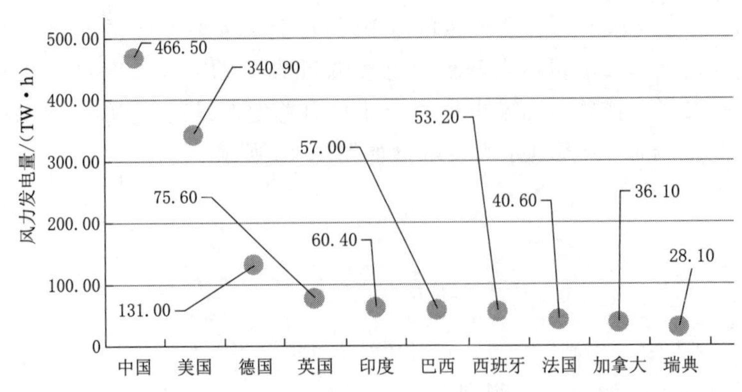


图 1.13　2020 年全球风力发电量排名前十的国家及其风力发电量

#### 1.2.3.3　光伏发电

国际能源署（IEA）发布的 2020 年全球光伏报告显示，尽管新冠肺炎疫情在过去一年多时间内全面暴发和流行，但全球光伏市场再次实现显著增长，DC（测流）侧装机容量为 134GW，截至 2020 年年底，全球累计光伏装机 760.4GW。有 20 个国家或地区的新增光伏容量超过了 1GW，其中中国、欧盟和美国分别以 48.2GW、19.6GW 和 19.2GW 的规模位列全球前三。

2020 年，20 个国家的新增光伏装机容量超过 1GW，其中 14 个国家的累计装机容量超过 10GW，5 个国家的累计装机容量超过 40GW。排名第一的是中国，累计光伏装机 253.40GW；其次为欧盟 27 国，累计达 93.20GW；美国排名第三，达 71.40GW；日本排名第四，达 53.90GW。2020 年全球光伏发电量排名前十的国家或地区及其光伏发电量如图 1.14 所示。

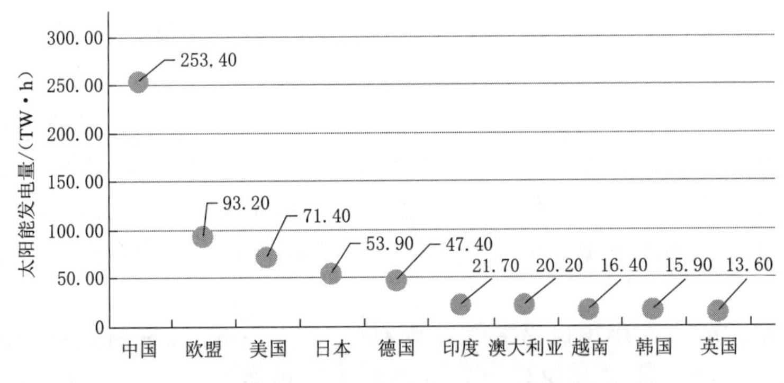


图 1.14　2020 年全球光伏发电量排名前十的国家或地区及其光伏发电量

## 1.3　我国电力能源现状

### 1.3.1　能源消费结构

2020 年，我国能源生产稳定增长，能源利用效率持续提升，能源消费结构进一步优化终端用能电气化水平加快提高。随着我国经济和社会秩序的持续稳定与恢复，能源需求也呈逐步回升态势。2015—2020 年中国能源消费量及生产总值如图 1.15 所示。

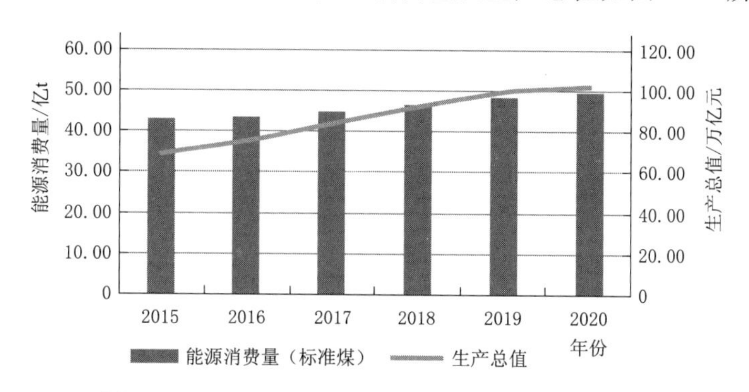


图 1.15　2015—2020 年中国能源消费量及生产总值

2020 年，中国煤炭消费量占能源消费总量的 56.8%，比上年下降 0.9 个百分点；天然气、水电、核电、风电等清洁能源消费量占能源消费总量的 24.3%，上升 1.0 个百分点。2021 年，中国天然气、水电、核电、风电、太阳能发电等清洁能源消费占能源消费总量的比重比上年提高 1.0 个百分点，煤炭消费所占比重下降 0.8 个百分点。2019 年和 2020 年中国能源消费结构对比如图 1.16 所示。

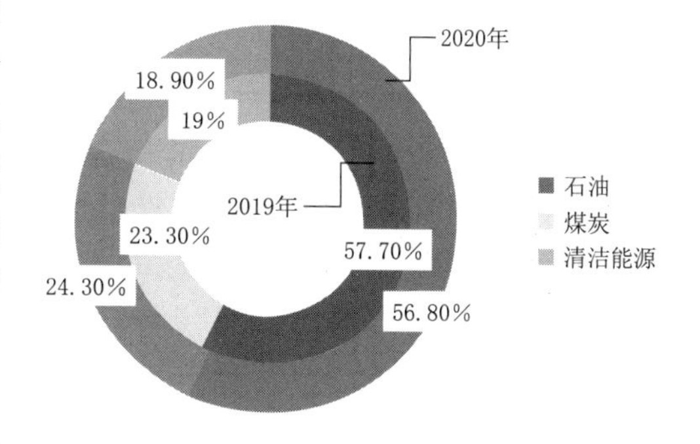


图 1.16　2019 年和 2020 年中国能源消费结构对比

### 1.3.2　电力发展趋势

根据国家统计局发布的《2021 年国民经济和社会发展统计公报》，2020 年，全国发电量达 77790.6 亿 kW·h，同比增长 3.7%，增速放缓，较上年降低 1 个百分点。其中，火电发电量为 253302.50 亿 kW·h，同比增长 2.1%；水电发电量为 13552.10 亿 kW·h，同比增长 3.9%；核能发电量为 3662.50 亿 kW·h，同比增长 5.1%。另据中国电力企业联合会全口径统计，风电、太阳能发电量分别为 4665.00 亿 kW·h、2611.00 亿 kW·h，分别同比增长 15.1% 和 16.6%。生物质发电量为 1326 亿 kW·h，同比增长 19.4%。2015—2020 年全国发电量及增速如图 1.17 所示。

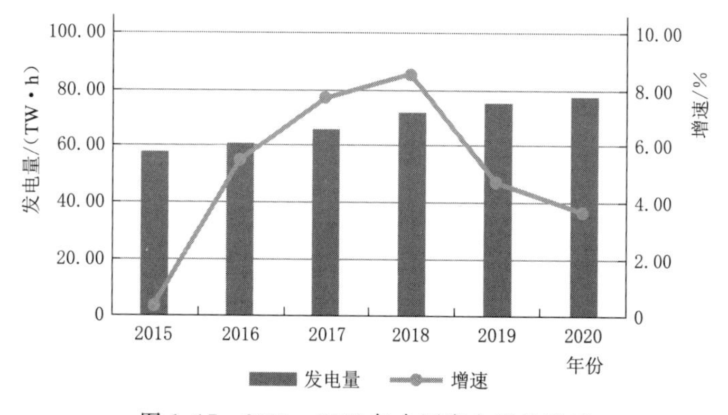


图 1.17　2015—2020 年全国发电量及增速

2020年，可再生能源发电量达2.2万亿kW·h，占全社会用电量的29.5%，较2012年增长9.5个百分点。全国全口径非化石能源发电量达2.58万亿kW·h，同比增长7.9%，占全国全口径发电量的33.9%，同比提高1.2个百分点，非化石能源电力供应能力持续增强。2015—2020年全国发电量结构见表1.3。

**表1.3　2015—2020年全国发电量结构**

| 年份 | 发电量/(亿kW·h) | | | | |
|---|---|---|---|---|---|
| | 火　电 | 水　电 | 核　电 | 风　电 | 太阳能发电 |
| 2015 | 42841.90 | 11302.70 | 1707.90 | 1857.70 | 395.00 |
| 2016 | 44370.70 | 11840.50 | 2132.90 | 2370.70 | 665.00 |
| 2017 | 47546.00 | 11978.70 | 2480.70 | 2972.30 | 1178.00 |
| 2018 | 50963.20 | 12317.90 | 2943.60 | 3659.70 | 1769.00 |
| 2019 | 52201.50 | 13044.40 | 3483.50 | 4057.00 | 2240.00 |
| 2020 | 53302.50 | 13552.10 | 3662.50 | 4665.00 | 2611.00 |

多年来，我国发电装机保持增长趋势。2015—2020年，我国发电装机累计容量从约15.25亿kW增长到约22亿kW。2015年后，我国装机增速呈下降趋势，至2020年陡然回升，最主要原因是风电、太阳能发电等新能源新增装机创历史新高。2015—2020年全国电力装机容量及增速如图1.18所示。

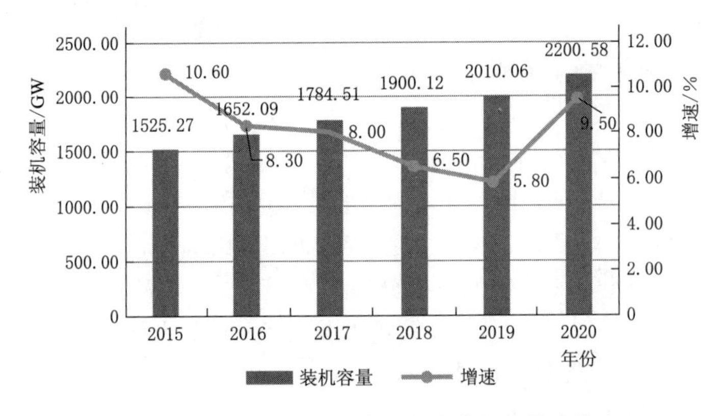


图1.18　2015—2020年全国电力装机容量及增速

就新增发电装机总规模看，我国连续8年新增装机容量过亿千瓦，2020年更是创历史新高。受电力供需形势变化等因素影响，2018年、2019年我国新增装机规模连续下滑。2020年，在新能源装机高增速的带动下，新增装机总体容量大幅提升。截至2020年年底，全国全口径火电装机容量近12.5亿kW，水电达3.7亿kW，核电达4989.00万kW，并网风电达2.8亿kW，并网太阳能发电装机达2.5亿kW，生物质发电达2952万kW。全国全口径非化石能源发电装机容量合计9.8亿kW，占总发电装机容量的44.8%，比上年提高2.8个百分点。煤电装机容量达10.8亿kW，占比为49.1%，首次降至50%以下。2015—2020年全国电力装机结构见表1.4。

表 1.4　　**2015—2020 年全国电力装机结构**　　单位：万 kW

| 年份 | 类别 | | | | |
|---|---|---|---|---|---|
| | 火电 | 水电 | 核电 | 风电 | 太阳能发电 |
| 2015 | 100554.00 | 31954.00 | 2717.00 | 13075.00 | 4318.00 |
| 2016 | 106094.00 | 33207.00 | 3364.00 | 14747.00 | 7631.00 |
| 2017 | 111009.00 | 34411.00 | 3582.00 | 16400.00 | 13042.00 |
| 2018 | 114408.00 | 35259.00 | 4466.00 | 18427.00 | 17433.00 |
| 2019 | 118957.00 | 35804.00 | 4874.00 | 20915.00 | 20418.00 |
| 2020 | 124517.00 | 37016.00 | 4989.00 | 28153.00 | 25343.00 |

就装机增速看，2020 年，火电装机同比增长 4.7%，较上年高出 0.7 个百分点。风电装机同比增长 34.6%，较上年提升 21 个百分点。太阳能发电以 24.1%的速度增长，较上年高出 7 个百分点。核电增速收缩，降低 6.7 个百分点。水电装机低速缓增，同比增长 3.4%。

就电源结构看，十年来我国传统化石能源发电装机比重持续下降，新能源装机比重明显上升。2020 年，火电装机比重较 2011 年下降了 15.7 个百分点，风电、太阳能上升了近 20 个百分点，发电装机结构进一步优化，水电、风电、光伏、在建核电装机规模等多项指标保持世界第一。2021 年 4 月，我国在领导人气候峰会上承诺，“中国将严控煤电项目，‘十四五’时期严控煤炭消费增长、‘十五五’时期逐步减少。”电力行业将加速低碳转型，发挥煤电保底的支撑作用，同时，继续推进机组灵活性改造，加快煤电向电量和电力调节型电源转换，实现煤电尽早达峰并在总量上尽快下降。

2020 年，全国电源新增发电装机容量达 19087 万 kW，比上年多投产 8587 万 kW，同比增长 81.8%。就各类电源新增装机规模看，2020 年，新增火电装机 5637 万 kW，自 2015 年以来，新增装机容量首次回升，较上年多投产 1214 万 kW。新增并网风电和太阳能发电装机容量分别为 7167.00 万 kW 和 4820.00 万 kW，分别比上年多投产 4595 万 kW 和 2168 万 kW，新增并网风电装机规模创新高。新增水电和核电装机分别为 1323.00kW、112.00 万 kW。新增生物质发电装机 543 万 kW。2015—2020 年各类发电新增装机情况见表 1.5。

表 1.5　　**2015—2020 年各类发电新增装机情况**

| 年份 | 新增装机/万 kW | | | | |
|---|---|---|---|---|---|
| | 火电 | 水电 | 核电 | 风电 | 太阳能发电 |
| 2015 | 6678.00 | 1375.00 | 612.00 | 3139.00 | 1380.00 |
| 2016 | 5048.00 | 1179.00 | 720.00 | 2024.00 | 3171.00 |
| 2017 | 4453.00 | 1287.00 | 218.00 | 1720.00 | 5341.00 |
| 2018 | 4380.00 | 859.00 | 884.00 | 2127.00 | 4525.00 |
| 2019 | 4423.00 | 445.00 | 409.00 | 2572.00 | 2652.00 |
| 2020 | 5637.00 | 1323.00 | 112.00 | 7167.00 | 4820.00 |

2020年，新增发电装机以新能源为增量主体。并网风电、太阳能发电新增装机合计达11987万kW，超过上年新增装机总规模，占2020年新增发电装机总容量的62.8%，连续4年成为新增发电装机的主力。2020年，包括煤电、气电、生物质发电在内的火电新增装机占全部新增装机的29.53%，与2015年相比降低21个百分点；水电新增装机占比为6.93%。

到“十四五”末，预计可再生能源发电装机占我国电力总装机的比例将超过50%。可再生能源在全社会用电量增量中的占比将达到2/3左右，在一次能源消费增量中的占比将超过50%，可再生能源将从原来能源电力消费的增量补充变为能源电力消费的增量主体。

### 1.3.3 电力生产结构

#### 1.3.3.1 电力装机结构

2021年，我国电力消费增速实现两位数增长，电力装机结构延续绿色低碳发展态势，可再生能源发展再上新台阶，装机规模突破10亿kW，风电、太阳能发电装机均突破3亿kW，海上风电装机跃居世界第一。

2021年，全国发电装机容量达237692万kW，同比增长7.9%。其中，非化石能源装机容量为11.2亿kW，占总装机容量的47.0%，历史上首次超过煤电装机规模。从各省分布来看，截至2021年年底，全国十大发电装机省（自治区）分别是：山东，17334.00万kW；广东，15784.00万kW；内蒙古，15487.00万kW；江苏，15420.00万kW；新疆，11547.00万kW；四川，11435.00万kW；山西，11338.00万kW；河南，11114.00万kW；河北，11078.00万kW；浙江，10857.00万kW。2021年全国十大电力装机省（自治区）排行（全部）如图1.19所示。

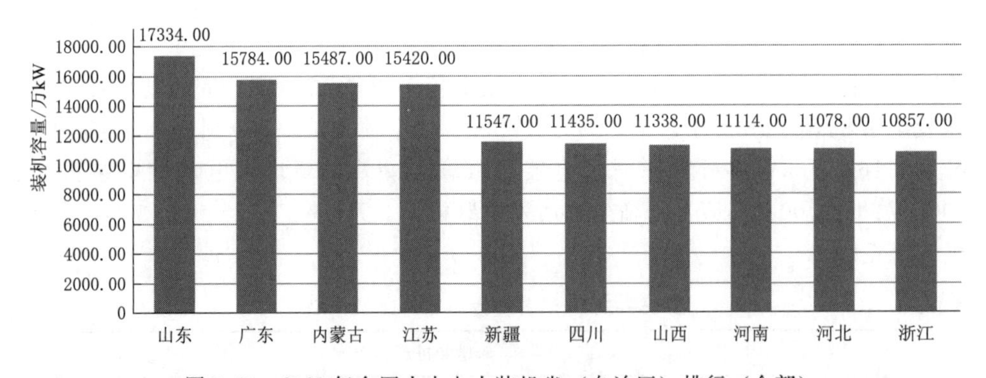


图1.19 2021年全国十大电力装机省（自治区）排行（全部）

1. 水电

2021年，全国新增水电并网容量2349万kW，为“十三五”以来年投产最多。截至2021年12月底，全国水电装机容量达39092万kW（含抽水蓄能3639万kW），同比增长5.6%，占全部装机容量的16.4%。从各省（自治区）分布来看，截至2021年年底，全国十大水电装机省（自治区）分别是：四川，8887.00万kW；云南，7820.00万kW；湖北，3771.00万kW；贵州，2283.00万kW；广西，1767.00万kW；广东，1736.00万kW；湖南，1578.00万kW；福建，1386.00万kW；浙江，1278.00万kW；青海，

1193.00 万 kW。2021 年全国水电十大电力装机省（自治区）排行如图 1.20 所示。

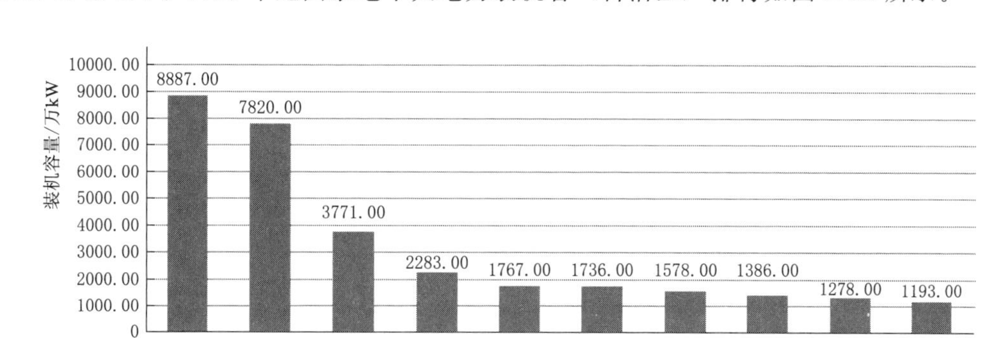


图 1.20　2021 年全国水电十大电力装机省（自治区）排行

2. 火电

2021 年，全国火电装机容量达 129678 万 kW，同比增长 4.1%，占全部装机容量的 54.6%。其中，煤电装机容量为 110901 万 kW，同比增长 2.8%，占全部装机容量的 46.7%；气电装机容量为 10859 万 kW，同比增长 8.9%，占全部装机容量的 4.6%；生物质发电装机容量为 3797 万 kW，同比增长 27.1%，占全部装机容量的 1.6%。从各省（自治区）分布看，截至 2021 年年底，全国十大火电装机省（自治区）分别是：山东，11599.00 万 kW；江苏，10322.00 万 kW；广东，10219.00 万 kW；内蒙古，9834.00 万 kW；山西，7533.00 万 kW；河南，7301.00 万 kW；新疆，6845.00 万 kW；浙江，6462.00 万 kW；安徽，5740.00 万 kW；河北，5424.00 万 kW。2021 年全国火电十大电力装机省（自治区）排行如图 1.21 所示。

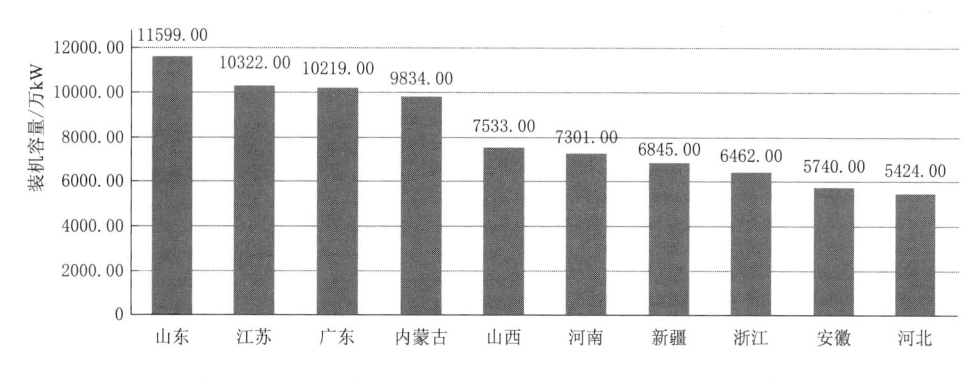


图 1.21　2021 年全国火电十大电力装机省（自治区）排行

3. 核电

2021 年，全国核电装机容量达 5326 万 kW，同比增长 6.8%，占全部装机容量的 2.2%。从各省（自治区）分布来看，截至 2021 年年底，全国八大核电装机省（自治区）分别是：广东，1614.00 万 kW；福建，986.00 万 kW；浙江，911.00 万 kW；江苏，661.00 万 kW；辽宁，558.00 万 kW；山东，250.00 万 kW；广西，217.00 万 kW；海南，130.00 万 kW。2021 年全国核电八大电力装机省（自治区）排行如图 1.22 所示。

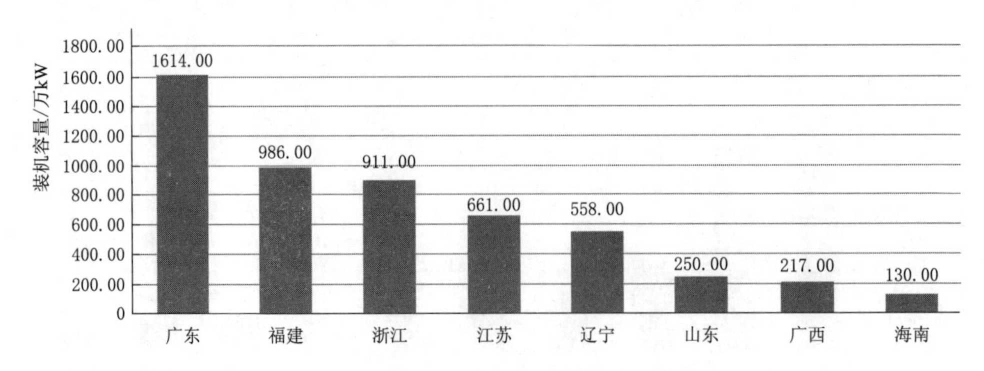


图 1.22 2021 年全国核电八大电力装机省（自治区）排行

4. 风电

2021 年，全国风电新增并网装机 4757 万 kW，为“十三五”以来年投产第二多，其中陆上风电新增装机 3067 万 kW，海上风电新增装机 1690 万 kW。截至 2021 年年底，全国并网风电装机容量达 32848 万 kW（含陆上风电 30209 万 kW、海上风电 2639 万 kW），同比增长 16.6%，占全部装机容量的 13.8%。从各省（自治区）分布来看，截至 2021 年年底，全国十大风电装机省（自治区）分别是：内蒙古，3996.00 万 kW；河北，2546.00 万 kW；新疆，2408.00 万 kW；江苏，2234.00 万 kW；山西，2123.00 万 kW；山东，1942.00 万 kW；河南，1850.00 万 kW；甘肃，1725.00 万 kW；宁夏，1455.00 万 kW；广东，1195.00 万 kW。2021 年全国风电十大电力装机省（自治区）排行如图 1.23 所示。

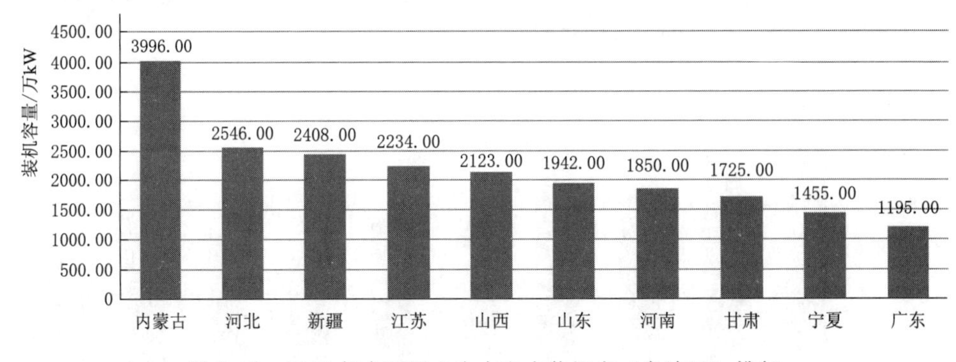


图 1.23 2021 年全国风电十大电力装机省（自治区）排行

5. 太阳能

2021 年，全国光伏新增装机 5493 万 kW，为历年年投产最多。截至 2021 年年底，全国并网太阳能发电装机容量达 30656 万 kW（含光伏发电 30599 万 kW、光热发电 57 万 kW），同比增长 20.9%，占全部装机容量的 12.9%。从各省（自治区）分布来看，截至 2021 年年底，全国十大太阳能发电装机省（自治区）分别是：山东，3343.00 万 kW；河北，2921.00 万 kW；江苏，1916.00 万 kW；浙江，1842.00 万 kW；安徽，1707.00 万 kW；青海，1632.00 万 kW；河南，1556.00 万 kW；山西，1458.00 万 kW；内蒙古，1412.00 万 kW；宁夏，1384.00 万 kW。2021 年全国太阳能十大电力装机省（自治区）排行如图 1.24 所示。据预测，在新能源快速发展带动下，2022 年基建新增装机规模将创历年新高，全年基建新增发电装机容量 2.3 亿 kW 左右，年底全口径发电装机容量达到 26 亿 kW 左右，其中，非化石能源发电装机合计达到 13 亿 kW 左右，将有望首次达到总装机规模的一半。

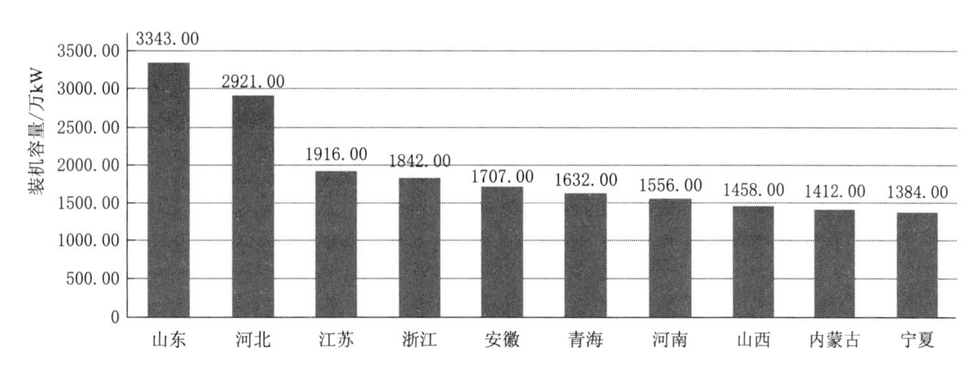


图 1.24　2021 年全国太阳能十大电力装机省（自治区）排行

#### 1.3.3.2　能源资源特点

我国是能源大国，从 2014 年开始，我国已经成为世界上最大的能源生产国与消费国。我国的自然资源总量世界排名第七，资源总量丰富。其中，煤炭占主导地位。2018 年，煤炭查明资源储量增长 2.5%，石油剩余技术可采储量增长 0.9%，天然气增长 4.9%；截至 2018 年底，煤炭查明资源储量为 17086 亿 t，已探明的石油、天然气资源储量相对不足，剩余石油技术可采储量为 35.73 亿 t，天然气为 57936 亿 $m^3$，煤层气为 3046 亿 $m^3$，非常规化石能源储量潜力较大。我国拥有较为丰富的可再生能源资源。水力资源理论蕴藏量折合年发电量为 6.94 万亿 kW·h，折合为年发电量为 6.08 万亿 kW·h，经济可开发年发电量约为 1.76 万亿 kW·h，相当于世界水力资源量的 12%，列世界首位。我国能源资源具有总量比较丰富、人均能源资源拥有量较低及能源资源分布不均衡等特点。

（1）能源资源总量比较丰富。我国的能源资源总量是比较丰富的，拥有较丰富的化石能源资源，能源资源的基本特征为“富煤贫油少气”。煤炭已探明储量为 1145 亿 t，2006 年煤炭保有资源量为 10345 亿 t，剩余探明可采储量约占世界的 13%，仅次于美国和俄罗斯排名世界第三。油页岩、煤层气等非常规化石能源储量潜力较大。石油和天然气的储量较少，储产比分别仅相当于世界平均水平的 21.4%和 49.5%，因此与世界资源丰富国家相比，我国主要化石能源虽然总量较为丰富，但储产比较低，资源的可持续供应能力不足。

我国拥有较为丰富的可再生能源资源。水力资源理论蕴藏量折合年发电量为 6.19 万亿 kW·h，经济可开发年发电量约 1.76 万亿 kW·h，相当于世界水力资源量的 12%，列世界首位。

但是与其他国家相比，我国煤炭资源地质开采条件较差，大部分储量需要井工开采，极少量可供露天开采。石油天然气资源地质条件复杂，埋藏深，勘探开发技术要求较高。未开发的水力资源多集中在西南部的高山深谷，远离负荷中心，开发难度和成本较大。非常规能源资源勘探程度低，经济性较差，缺乏竞争力。

（2）人均能源资源拥有量较低。虽然我国能源资源总量较为丰富，但因为我国现有的人口基数大，人均资源拥有量较低，截至2015年年底，我国煤炭探明储量为11450000万t，占世界总储量的12.8%，但人均煤炭探明储量为97.9t，约为世界平均水平的78%；石油储量为185亿桶，占世界总储量的1.1%，但人均石油探明储量仅为13.4桶，为世界平均水平的5.82%；天然气探明储量为3.8万亿 $m^3$，占世界总储量的2.1%，但人均天然气探明储量仅为0.2767万 $m^3$，为世界平均水平的10.9%。另外，耕地资源不足世界人均水平的30%，制约了生物质能源的开发。

（3）能源资源分布不均衡。我国能源资源分布广泛但极不均衡，存在资源分布与能源消费呈非均衡的空间布局状态。

煤炭主要分布在我国西部和北部地区等目前经济相对落后、工业化程度不高的山西、陕西、内蒙古、新疆、贵州等省（自治区）；我国石油资源绝大部分分布在大庆油田、吉林油田、辽河油田、大港油田、华北油田、胜利油田、河南油田、长庆油田、玉门油田、塔里木油田以及东海大陆架油气区、南海油气区等区域，主要集中在辽宁、吉林、四川、山东等省；我国天然气以塔里木为最多，主要分布在新疆、青海、鄂尔多斯、四川等地，其中四川天然气产量占全国总量的近一半；水力资源主要分布在西南地区，而我国的能源消费主要集中在经济发达地区，经济发达且人口密集的东南、华东和中南的GNP（国民生产总值）占整个大陆地区的57%，煤炭消费占44.7%，电力占50.6%，能源资源的分布与能源需求不协调，资源分布与能源消费地域存在逆向分布现象。我国领土广阔，能源、油气产地与需求地之间距离相当遥远，要将这些能源运送到消费量大的区域，在实际执行上，使用成本无疑会大大提高，造成大量能源需远距离运输的问题，致使我国多年来工业布局不平衡。大规模、长距离的北煤南运、北油南运、西气东输、西电东送，是我国能源赋存与能源消费逆向分布的显著特征。

随着电力工业的快速发展，电力的需求越来越大。我国电力生产结构与部分发达国家有较大差异。在发达国家中，气电、核电占有较大比重，我国则以煤电为主，煤电占全部发电量的比重比世界平均水平高出近40个百分点。但是由于能源资源存量有限及受到开采技术的限制，光靠化石燃料资源已无法满足我国社会发展的需要。我国的水电、风电以及太阳能等非化石能源资源较丰富，水力资源方面，无论是理论蕴藏量还是技术可开发量以及经济可开发量，我国均居世界首位，其中技术可开发量为5.4亿kW；我国可开发的风能总储量为7亿～12亿kW，风能资源潜在开发量为5.8亿kW，按年利用2000h计算，年可利用资源量为6.34亿t标准煤。我国风能资源丰富的地区主要分布在东南沿海及附近岛屿以及“三北”地区（我国的东北、华北北部和西北地区）。我国太阳能资源丰富，在全国范围内，年日照总长超过2000h的地区占总面积的2/3，太阳能发电装机总容量可达34.6亿kW，按年利用1400h计算，年可利用资源量约为5.96亿t标准煤。

# 第2章

# 电力能源发展难题

## 2.1 电能需求增速

随着我国经济的发展，我国的电力发电量和用电量规模一直很大，而且未来将保持增长趋势。除此之外，考虑到环境问题，我国的清洁能源发电占比逐渐增长，并且已经制定到2035年的远景计划，使清洁能源发电能够直面电力需求增长带来的压力。

电力行业是国民经济众多垄断行业中较早实施改革的行业之一。近几年我国电力行业保持着较快的发展速度，也取得了很大的成绩，发电机容量和发电量居世界首位。2015—2020年，全国发电量持续快速增加。中国电力企业联合会统计数据显示，2020年全国全口径发电量为7.62万亿kW·h，同比增长4.05%。2015—2020年中国用电量变化如图2.1所示。"十三五"时期，全国全口径发电量年均增长5.83%。

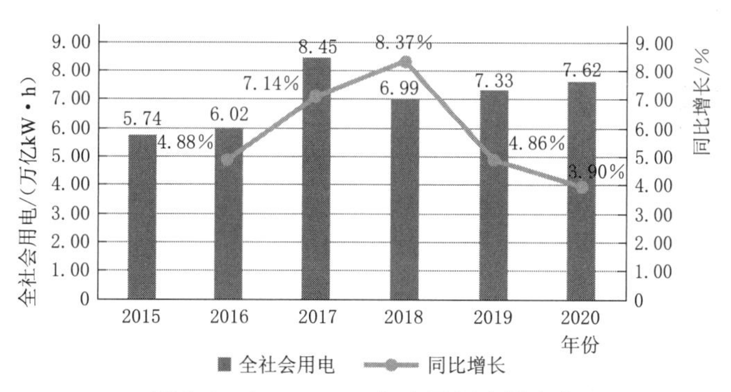


图2.1　2015—2020年中国用电量变化

虽然近年来我国重点发展核电、新能源发电，但传统的火力发电规模依然非常大。我国2020年的发电结构中，69.00%的发电量来自于火电，但是根据2014—2020年发电量结构的变化能够看出，我国火电发电的占比处于逐渐下降的趋势，风电、光伏、核能等其他能源发电的占比则逐渐升高。2014—2020年中国发电量结构如图2.2所示。

从我国的用电规模来看，2015—2020年，全社会用电量逐年增长。2020年，全社会用电量为7.51万亿kW·h，同比增长3.95%，全国电力供需形势总体平衡。随着疫情得到有效控制以及国家逆周期调控政策逐步落地，复工复产、复商复市持续取得明显成效，社会用电稳定恢复。2015—2020年中国用电量变化如图2.3所示。

图 2.2 2014—2020 年中国发电量结构

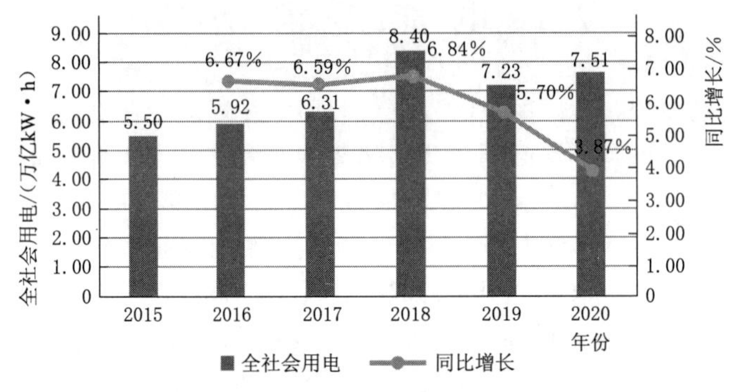


图 2.3 2015—2020 年中国用电量变化

2020 年，全国第一产业用电量达 859 亿 kW·h，占比为 1.14%；第二产业用电量达 5.12 万亿 kW·h，占比为 68.19%；第三产业用电量达 1.21 万亿 kW·h，占比为 16.09%；城乡居民生活用电量达 1.09 万亿 kW·h，占比为 14.58%。2016—2020 年，全国第一产业和第二产业用电占比呈下降趋势，第三产业和城乡居民生活用电占比不断提高，近年来信息传输、软件和信息技术服务业用电量持续高速增长。2016—2020 年中国全社会用电量结构变化如图 2.4 所示。

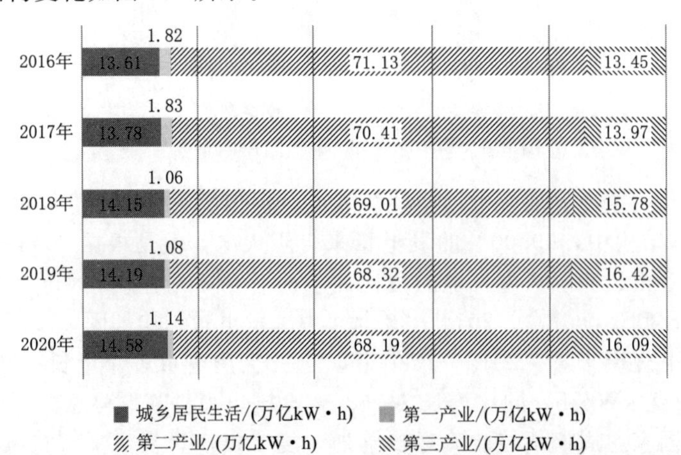


图 2.4 2016—2020 年中国全社会用电量结构变化

## 2.2 能源危机加重

中国的资源危机非常严重。中国是一个缺水大国，水资源不丰富，过度开采地下水、浪费水资源，供需问题十分突出；中国耕地稀缺，后备耕地资源不足；中国是一个森林资源贫乏的大国，森林面积不断减少，成熟森林采伐和消耗不足，森林资源急剧减少；中国是一个草原贫瘠的大国，长期以来一直重复利用和轻养，过度放牧和盲目开垦草原，退化的草原已达到可利用草原的1/3；中国矿产资源不丰富，浪费程度惊人，目前中国对矿产的需求正处于快速增长时期，如果不采取有效措施，矿产资源的形势将是全面而严峻的。

相关研究结果表明，中国潜在水资源总量为2.7万亿$m^3$，仅次于巴西、俄罗斯、加拿大、美国和印度尼西亚，居世界第六位，且绝对数量丰富。但由于人口众多，人均水资源远低于世界平均水平，仅排在世界第80位，世界人均淡水占有量为12900$m^3$，而中国为2695$m^3$，不到世界人均占有量的1/4，仅相当于美国的1/5和加拿大的1/48。

随着人口的快速增长，人均水资源每年都在减少。比如新中国成立初期，中国人均水资源为5400$m^3$，现在已经降到3000$m^3$以下。与此同时，中国日常生活和生产中的用水量正以惊人的速度增长。例如，1959—1980年，中国年用水量平均增长率为5.2%，年总用水量为4700亿$m^3$，占多年平均水资源的17%。到20世纪末，总用水量达到每年5500亿$m^3$，占年平均用水量的21%。用水总量几乎等于水资源总量，水资源危机已经不远。

土地资源的情况也差不多。中国陆地面积为960万$km^2$，仅次于俄罗斯和加拿大，居世界第三。但在考虑人口因素时，中国人均占地不到0.01$km^2$，约为世界平均水平的1/3；中国现有耕地97.3万$km^2$，占世界耕地的7%，居世界第四，人均耕地约为0.001$km^2$，约占世界平均耕地的36%；草原总面积超过400万$km^2$，居世界第二，人均草原面积为0.0036$km^2$，约占世界平均水平的56%；林地面积为125.3万$km^2$，居世界第120位，人均林地面积不足0.001$km^2$，约占世界平均水平的18%。按照一般观点，这其实已经接近农业承载能力的极限。

海洋资源一直是我们的骄傲。中国海域辽阔，总面积达300万$km^2$；海岸线漫长，共计32647km；岛屿众多，达到6536个；大陆架很宽，黄海、渤海都位于大陆架上，其中东海的大陆架宽200～600km，南海的大陆架宽180～250km。鱼类品种多，经济鱼捕获量为400万～470万t；海底石油相当可观，总面积超过100万$km^2$，石油地质储量达100亿t；海滩矿床有124处，探明储量达4.36亿t，而且绝对数字相当大。然而，如果按照人均计算，上述指标在世界所处的位置仍然很低。

矿产资源可以说是最能体现我国既是资源大国又是资源小国特点的资源类型。中国已发现矿床162种，其中已探明储量148种，已发现矿床和矿化点20多万个，已发现控制储量矿区1.4万多个。截至1989年年底，我国钨、锑、钒、钛、锌、锂、锡、硫铁矿、稀土、凌美、萤石、重晶石、石墨和石膏的探明储量均居世界第一，铜、钽、铌、汞、煤、石棉和滑石的探明储量居世界第二和第三。毫无疑问，中国是世界上少数几个矿产相对完整、探明储量丰富的国家之一，而且矿产总量很大，45种主要矿产的储量价值排名第三。

即便如此，如果按照人均拥有量来计算，中国还是摆脱不了“穷矿”的标签。例如，中国的人均原油占有量是世界平均水平的13%，煤为99.3%，铁为34%，铜为24%，铅为35.3%，锌为58.4%，镍为29%，钴为62.5%，铝为13.9%，锰为18.3%，金为19%，除了煤，其他都不到世界平均水平的50%，居世界第80位。

总之，中国的总资源是丰富的。从绝对数量来说，中国是世界资源大国。然而，由于中国人口众多，人均资源量低于世界平均水平，因此中国也可以说是世界上一个资源小国。

## 2.3 环境污染严重

我国在经济发展中也遇到了环境恶化这个棘手的难题。目前，我国以城市为中心的环境污染不断加剧，并正向农村蔓延。在一些经济发达，人口稠密地区、环境污染尤为突出。森林减少、沙漠扩大、草原退化、水土流失、物种灭绝等生态破坏问题也日趋严重。环境恶化已经成为制约我国经济发展、影响社会安定、危害公众健康的一个重要因素，成为威胁中华民族生存与发展的重大问题，而经济的高速发展和人口的持续增长又给我国的资源和环境带来了更大的压力和冲击。图2.5展示了我国各种污染程度的百分比。

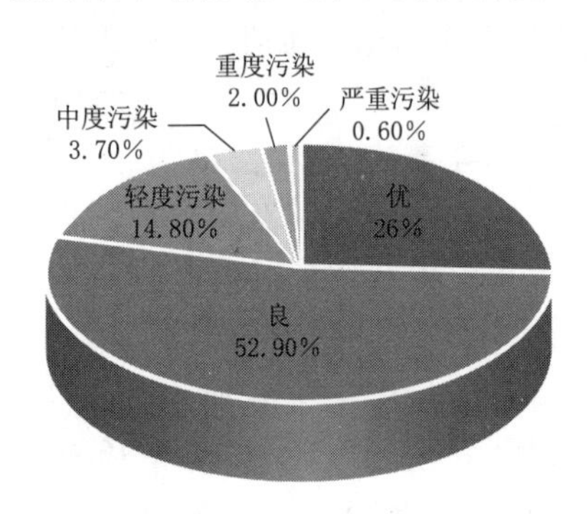


图2.5　我国各种污染程度的百分比

能源开发利用会对环境产生不同程度的不利影响。我国能源环境问题已成为亟待解决的现实和战略问题。人类利用能源的历史已非常久远，能源对人类发展的巨大贡献是显而易见的。在产业革命以前的漫长岁月中，能源消费以薪柴为主，由于消费量不大，植物的自然生长足以补充其作为能源的消费，同时环境容量可以吸收和消化薪柴利用过程中排放的废弃物，因此，能源开发利用的环境影响基本上不成问题。当时的环境问题主要是人口增长导致过度开垦造成的土质退化问题。产业革命促使矿物能源取代薪柴成为能源消费的主体，现代环境问题随之产生。经济、人口高速增长导致能源消费需求急速增长，人类赖以生存和发展的环境逐步恶化。

煤炭在开采过程中会造成矿山生态环境的破坏，主要包括破坏地表、引起岩层移动、矿井酸性排水、煤矸石堆积，威胁生物栖息环境。其中煤层甲烷等污染物排放是造成大气污染和酸雨的主要原因。煤炭消耗的过程也是温室气体排放的过程，造成全球性环境问题。石油、天然气的勘探、开采、加工和利用同样对环境产生不利影响，例如油田勘探、开采过程中的井喷事故、采油废水等。值得注意的是，污水排放使土壤盐渍化，海上采油影响海洋生态系统——石油因井喷、漏油、海上采油平台倾覆、油轮事故和战争破坏等泄入海洋，会对海洋生态系统产生严重影响；在交通运输业，机动车尾气等会造成大气污染等。

核能开发利用也会对环境造成影响，例如防不胜防的核事故。

水电是一种相对清洁的能源，但其对生态环境仍有多方面的不利影响，主要表现为：截流造成污染物质扩散能力减弱，水体自净能力受影响；淹没土地、地面设施和古迹，影响自然景观，尤其是风景区；泥沙淤积会使上游河道截面缩小，河床抬高，下游河岸被冲刷，引起河道变化；改变地下水的流量和方向，使下游地下水位升高，造成土壤盐碱化，甚至形成沼泽，导致环境卫生条件恶化甚至疾病流行；建设过程中采挖石料和填土，破坏自然环境；安装泄洪道变流装置对鱼类等水生生物造成不利影响，截流阻断鱼类洄游等；会改变河流水深、水温、流速及库区小气候，对库区水生和陆生生物产生不利影响；可能会诱发地震；小水电站还会向生物圈排放一些温室气体（特别是水库中生物质因腐烂而产生的甲烷），等等。

可再生能源开发利用较传统化石能源来说，整体上更加清洁安全，但是仍然会带来一些环境问题。如风能开发中，风机会产生噪声和电磁干扰，并对景观和鸟类产生负面影响等。太阳能开发也会产生不利环境影响，主要是占用土地、影响景观等。此外，制造光伏电池需要高纯度硅，高纯度硅属能源密集型产品，本身需要消耗大量能源。含镉光伏电池的有毒物质排放虽然在安全范围之内，但公众仍担心其对健康的危害。生物质能利用对环境的不利影响，主要表现在占用大量土地，可能导致土壤养分损失和土壤侵蚀，生物多样性减少，以及用水量增加；用汽车运输生物质可能会排放污染物；另外农村居民使用薪柴和秸秆等生物质能作炊事和供热燃料的传统利用方式会引起室内空气污染，对居民健康产生严重危害。地热资源开发利用对环境的影响主要在于地热水直接排放造成地表水热污染、有害元素或盐分较高的地热水污染水源和土壤、地热水中的 $CO_2$ 和 $H_2S$ 等有害气体排放到大气中、地热水超采造成地面沉降等。海洋能是洁净的能源，对环境不会产生大的不利影响，但潮汐电站会对海岸线生态环境带来一定影响；波浪能发电装置能起到使海洋平静的消波作用，有利于船舶安全抛锚和减缓海岸受海浪冲刷，但波浪能发电装置给许多水生物提供了栖息场所，使其繁殖生长，可能会堵塞发电装置；海洋温差发电装置的热交换器采用氨作为工质，氨可能会污染海洋环境；建在河口的盐差能发电装置还要面临河水中的沉淀物和保护生物的问题。

说到能源污染，不得不说的就是被称为龙年（2012 年）第一起重大环保事件的广西龙江镉污染事件。此次龙江镉污染事件的污染程度令人震惊。浓度超标 5 倍以上的水体就长达 100km 左右，这令广西河池龙江两岸及下游柳州的当地群众，不得不直面残酷的饮水问题。尽管当地各级党委、政府全力处置应对，但毋庸置疑的是，这起污染事件造成的严重后果，包括可能造成的经济损失和对环境的损害，现在远未到下结论的时候。

对河池而言，这个有着“中国有色金属之乡”美誉的地方，近年却成为重金属污染事件的高发地区，不能不令人深思。2001 年 6 月，河池大环江上游遭遇暴雨，30 多家选矿企业的尾矿库被冲垮，历年沉积的废矿渣随洪水淹没两岸，万亩良田尽毁；2008 年 10 月，河池市金城江区东江镇一家冶炼企业含砷废水外溢污染，450 多人尿砷超标；2011 年 8 月，河池市南丹县 30 多名儿童患发高铅血症……几次三番事故，使群众的生命财产安全屡屡受到严重威胁。

河池的有色金属污染形势可谓相当严峻。无论是喀斯特地貌的地理因素，还是企业太散、太乱的现实原因，无疑都要求加强监管和更加有力的治理。至于“部分企业偷排”

"污染物洞渗漏进入地下河再流到地表河"等说法，更是值得深思。

除此之外，中石油松花江苯污染、云南曲靖铬渣污染、紫金矿业汀江污染……不断发生的污染事件提醒人们，缺乏对自然环境的敬畏与呵护，对公共利益和公众关切视而不见，只重经济数据而不重环境保护，这样的模式算不得科学发展，也注定不可能持久。

能源是人类赖以生存和发展最重要的一种资源，是一国经济社会发展和人民生活改善的重要物质基础。新中国成立以来，随着大规模工业化进程的推进，中国薄弱的能源工业得到了迅速发展。特别是改革开放以后，随着社会经济发展进入全新时代，能源工业无论从数量还是质量上都取得了空前的进步，中国已进入世界能源大国的行列。然而在能源开发和利用的生命周期中，从能源资源的开采、加工和运输，到二次能源的生产（发电），以及电力的传输和分配，直至能源的最终消费，各阶段都会对环境造成压力，引起局部的、区域性的乃至全球性的环境问题。我国长期以来对能源的安全供应非常重视，相对来说忽视了能源发展对环境产生的负面影响，导致环境问题日益严重。随着我国经济社会的快速发展，对能源生产和能源消费会有更高的要求，能源需求的持续快速增长必将使我国的环境保护面临更加沉重的压力。由能源开发利用导致的能源环境问题既是我国当前面临的现实问题，也是影响我国长远发展的战略问题，解决能源问题是我国实现可持续发展的基础和重要保障之一。

# 第3章

# 电力能源结构变革

## 3.1 清洁能源发电技术

### 3.1.1 风力发电技术

风力发电的基本原理是风的动能通过风轮机转换成机械能，再带动发电机发电转换成电能。主流的风力发电机组一般为水平轴式风力发电机，它由叶片、轮毂、增速齿轮箱、发电机、主轴、偏航装置、控制系统、塔架等部件组成。风轮的作用是将风能转换为机械能，它由气动性能优异的叶片装在轮毂上组成，低速转动的风轮由增速齿轮箱增速后，将动力传递给发电机。上述部件都布置在机舱里，整个机舱由塔架支起。为了有效地利用风能，偏航装置根据风向传感器测得的风向信号，由控制器控制偏航电机，驱动与塔架上大齿轮咬合的小齿轮转动，使机舱始终对向风。由于齿轮箱是在兆瓦级风力发电机组中容易过载，且是过早损坏率较高的部件，国外开始研制一种直接驱动型的风力发电机组（亦称无齿轮风力发电机），这种机组采用多级异步电机与叶轮直接连接进行驱动的方式，免去了齿轮。为了跟踪最佳叶尖速比，使风电机组在较大的风速范围内获得最佳功率输出，须对转速或功率进行调节。常用的调节方式有两种：一种是失速调节；另一种是变桨距调节，即叶片可以绕叶片上的轴转动，改变叶片气动数据，实现功率调节。风力发电机调速原理如图 3.1 所示。

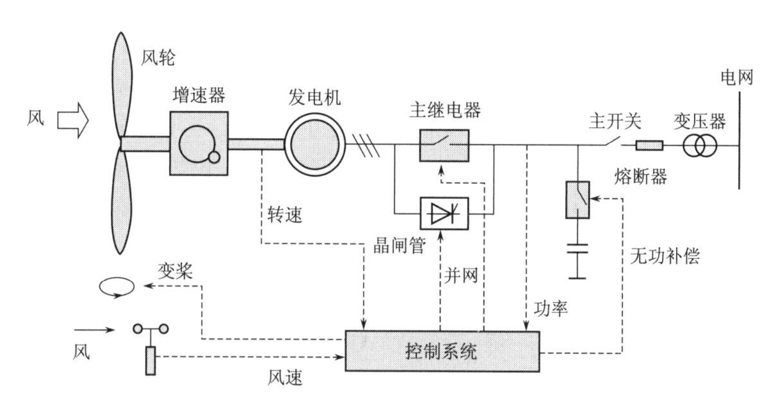


图 3.1　风力发电机调速原理

风力发电机一般由风轮、发电机（包括装置）、调向器（尾翼）、塔架、限速安全机构和储能装置等构件组成。风力发电机的工作原理比较简单，风轮在风力的作用下旋转，把风的动能转变为风轮轴的机械能。发电机在风轮轴的带动下旋转发电。风轮是集风装置，它的作用是把流动空气具有的动能转变为风轮旋转的机械能。风力发电机的风轮一般由2～3个叶片构成。在风力发电机中，已采用的发电机有3种，即直流发电机、同步交流发电机和异步交流发电机。风力发电机中调向器的功能是使风力发电机的风轮随时都迎着风向，从而最大限度地获取风能。风力发电机几乎全部利用尾翼来控制风轮的迎风方向。尾翼的材料通常是镀锌薄钢板。限速安全机构是用来保证风力发电机运行安全的。限速安全机构通过设置可以使风力发电机风轮的转速在一定的风速范围内基本保持不变。塔架是风力发电机的支撑机构，稍大的风力发电机塔架一般采用由角钢或圆钢组成的桁架结构。风力发电机内部结构如图3.2所示。

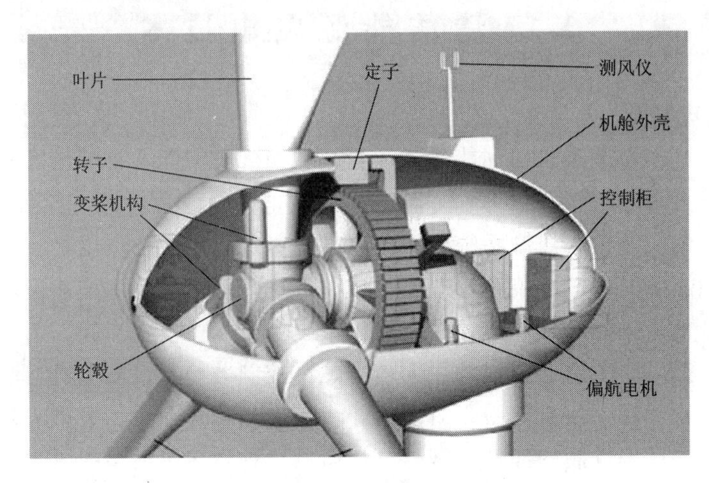


图3.2 风力发电机内部结构

实际运行过程中，风速的大小会直接影响风机的正常工作：在风速低于风机的切入风速$v_{ci}$时，机组停运；在风速高于切入风速时，机组开始发电工作，并通过控制变流器调节发电机电磁转矩使得风轮转速跟随风速变化，最大化地利用风能；在风速高于额定值$v_r$时，变桨机构开始工作，增大桨距角，降低风能的利用率，使机组处于额定工作状态，电能输出功率为$P_{wt,r}$；在风速大于切出风速$v_{co}$时，机组抱闸停机，以保护机组不被损坏。风机输出功率与风速关系如图3.3所示。

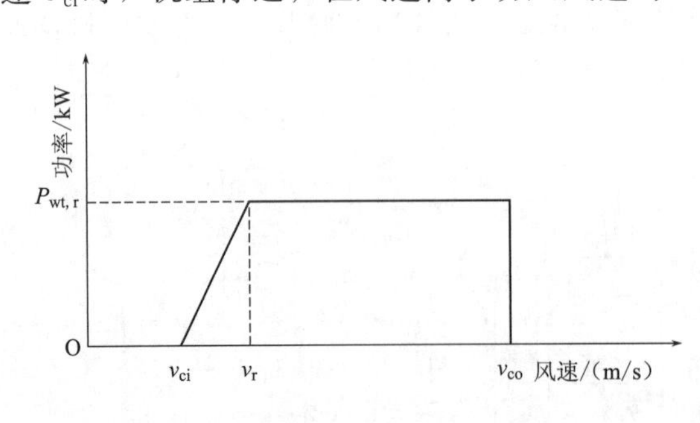


图3.3 风机输出功率与风速关系

同时，风速的变化呈现出以下两个重要的特性：一是风能是太阳能的一种表现形式，受地球公转和自转的影响，在日、月、季、年等不同时间尺度上表现出频率相关的周期性变化；二是风能密度较低，太阳辐射量、湿度等气象因素的变化均会引起风速的波动，因而表现出显著的波动性和间歇性。周期性的特点使得风速具有一定的可预测性，但持续性扰动的特点又使得可预测性存在较大的误差。不同时间尺度下某地区风速的实测数据如图 3.4 所示。

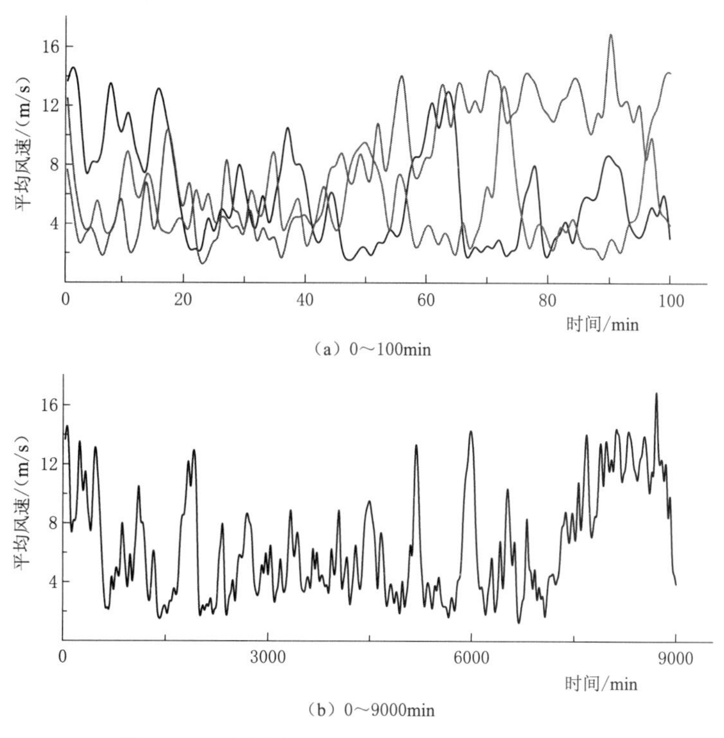


图 3.4　不同时间尺度下某地区风速的实测数据

尽管风力发电机多种多样，但归纳起来可分为两类：①水平轴风力发电机，风轮的旋转轴与风向平行，如图 3.5 所示；②垂直轴风力发电机，风轮的旋转轴垂直于地面或者气流方向，如图 3.6 所示。

图 3.5　水平轴风力发电机

水平轴风力发电机可分为升力型和阻力型两类。升力型水平轴风力发电机旋转速度快，阻力型水平轴风力发电机旋转速度慢。对于风力发电而言，多采用升力型水平轴风力发电机。大多数水平轴风力发电机具有对风装置，能随风向改变而转动。对于小型风力发电机来说，这种对风装置采用尾舵，大型的风力发电机则利用风向传感元件以及伺服电机组成的传动机构。风力机的风轮在塔架前面的称为上风向风力机，风轮在塔架后面的则称为下风向风力机。水平轴风力发电机的式样很多，有的具有反转叶片的风轮；有的在一个塔架上安装多个风轮，以便在输出功率一定的条件下减少塔架的成本；还有的水平轴风力发电机在风轮周围产生旋涡，集中气流，增加气流速度。

图 3.6 垂直轴风力发电机

垂直轴风力发电机在风向改变的时候无须对向风，这一点相对于水平轴风力发电机来说是一大优势，它不仅使结构设计简化，而且减少了风轮对向风时的陀螺力。利用阻力旋转的垂直轴风力发电机有几种类型，有的有利用平板和被子做成的风轮，这是一种纯阻力装置；有的有S形风车，具有部分升力，但主要还是阻力装置。这些装置有较大的启动力矩，但尖速比低，在风轮尺寸、质量和成本一定的情况下，提供的功率输出低。

风力发电机的优点表现如下：

(1) 风能为洁净的能源。

(2) 风能设施日趋进步，大量生产降低成本，在适当地点，风力发电成本已低于其他类型的发电机。

(3) 风能设施多为不立体化设施，可保护陆地和生态。

(4) 风力发电是可再生能源，很洁净。

(5) 风力发电节能环保。

风力发电机的不足表现如下：

(1) 风力发电在生态上的问题是可能干扰鸟类，如美国堪萨斯州的松鸡在风车出现之后已渐渐消失。目前的解决方案是离岸发电，离岸发电价格较高，但效率也高。

(2) 在一些地区，风力发电的经济性不足；许多地区的风力有间歇性，例如我国台湾等地，电力需求较高的夏季及白日正是风力较少的时候；必须等待压缩空气等储能技术的发展。

(3) 风力发电需要大量土地兴建风力发电场，如此才可以生产比较多的能源。

(4) 进行风力发电时，风力发电机会发出过大的噪声，所以只能找一些空旷的地方来兴建。

(5) 现在风力发电还未成熟，还有相当大的发展空间。

(6) 风速不稳定，产生的能量大小不稳定。

(7) 风能利用受地理位置限制严重。

(8) 风能转换效率低。

(9) 风能是新型能源，相应的设备也不是很成熟。

（10）地势比较开阔、障碍物较少的地方或地势较高的地方才适合风力发电。

### 3.1.2 太阳能发电技术

太阳能热发电是一种通过水或其他工作介质和设备将太阳辐射能量转化为电能的发电方法。太阳能发电有热发电和光发电两种方式。

（1）太阳能热发电。太阳能热发电是将吸收的太阳辐射热能转换成电能的装置，其基本组成与常规火电设备类似。它又分集中式和分散式两类。集中式太阳能热发电又称塔式太阳能热发电，它是在很大面积的场地上整齐地布设大量的定日镜（反射镜）阵列，且每台都配有跟踪系统，准确地将太阳光反射集中到一个高塔顶部的吸热器上，把吸收的光能转换为热能，使吸热器内的水变成蒸汽；经管道送到汽轮机，驱动机组发电。分散式太阳能热发电是在大面积的场地上安装许多套结构相同的小型太阳能集热装置，通过管道将各套装置产生的热能汇集起来，进行热电转换，发出电力。太阳能热发电原理如图 3.7 所示。

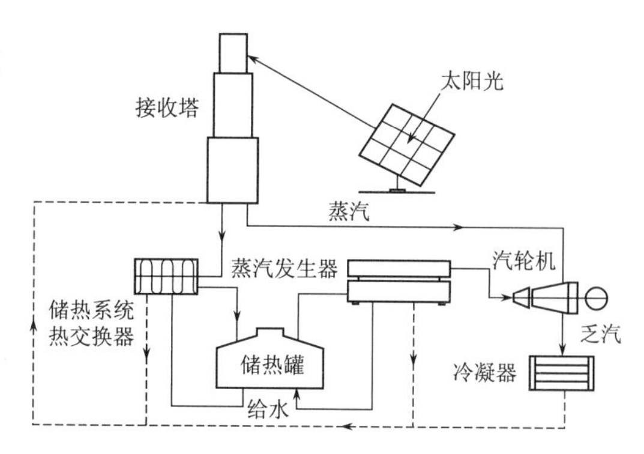


图 3.7　太阳能热发电原理

（2）太阳能光发电。太阳能光发电是指无须通过热过程直接将光能转变为电能的发电方式。它包括光伏发电、光化学发电、光感应发电和光生物发电。光伏发电是利用太阳能级半导体电子器件有效地吸收太阳光辐射能，并使之转变成电能的直接发电方式，是当今太阳光发电的主流。光化学发电所需电池有电化学光伏电池、光电解电池和光催化电池，目前得到实际应用的是光伏电池。

光伏发电系统主要由太阳能电池、蓄电池、控制器和逆变器组成，其中太阳能电池是光伏发电系统的关键部分，太阳能电池板的质量和成本将直接决定整个系统的质量和成本。太阳能电池主要分为晶体硅电池和薄膜电池两类，前者包括单晶硅电池、多晶硅电池两种，后者主要包括非晶体硅太阳能电池、铜铟镓硒太阳能电池和碲化镉太阳能电池。太阳能光发电原理如图 3.8 所示。

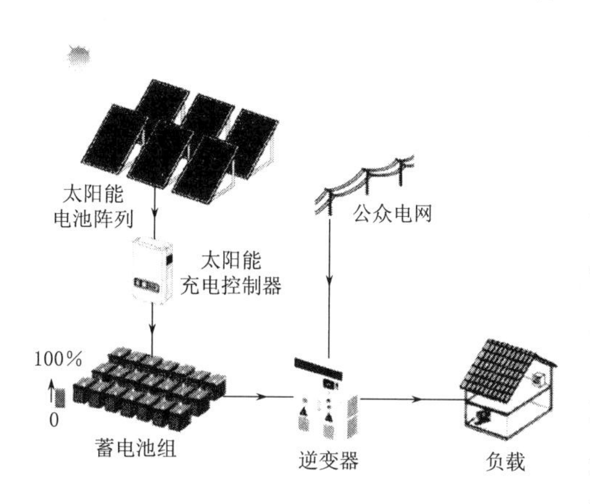


图 3.8　太阳能光发电原理

单晶硅太阳能电池的光电转换效率为 15%左右，最高可达 23%，在太阳能电池中光电转换效率最高，但制造成本高。单晶硅太阳能电池的使用寿命一般可达 15 年，最高可达 25 年。多晶硅太阳能电池的光电转换效率为 14%～16%，制作成本低于单晶硅太阳能电池，因此得到快速发展，但其使用寿命要比单晶硅太阳能电池短。

薄膜太阳能电池是用硅、硫化镉、砷化镓等薄膜为基体材料的太阳能电池。薄膜太阳能电池可以使用质轻、价低的基底材料（如玻璃、塑料、陶瓷等）来制造，形成可产生电压的薄膜厚度不到1μm，便于运输和安装。然而，沉淀在异质基底上的薄膜会产生一些缺陷，因此现有的碲化镉太阳能电池和铜铟镓硒太阳能电池的规模化量产转换效率只有12%～14%，而其理论上限可达29%。如果在生产过程中能够减少碲化镉的缺陷，将会增加电池的寿命，并提高其转化效率。这就需要研究缺陷产生的原因，以及减少缺陷和控制质量的途径。太阳能电池界面也很关键，需要大量的研发投入。

光伏发电系统受天气因素影响较大，属于持续扰动性电源，不同天气状况下光伏发电系统出力曲线如图3.9所示。

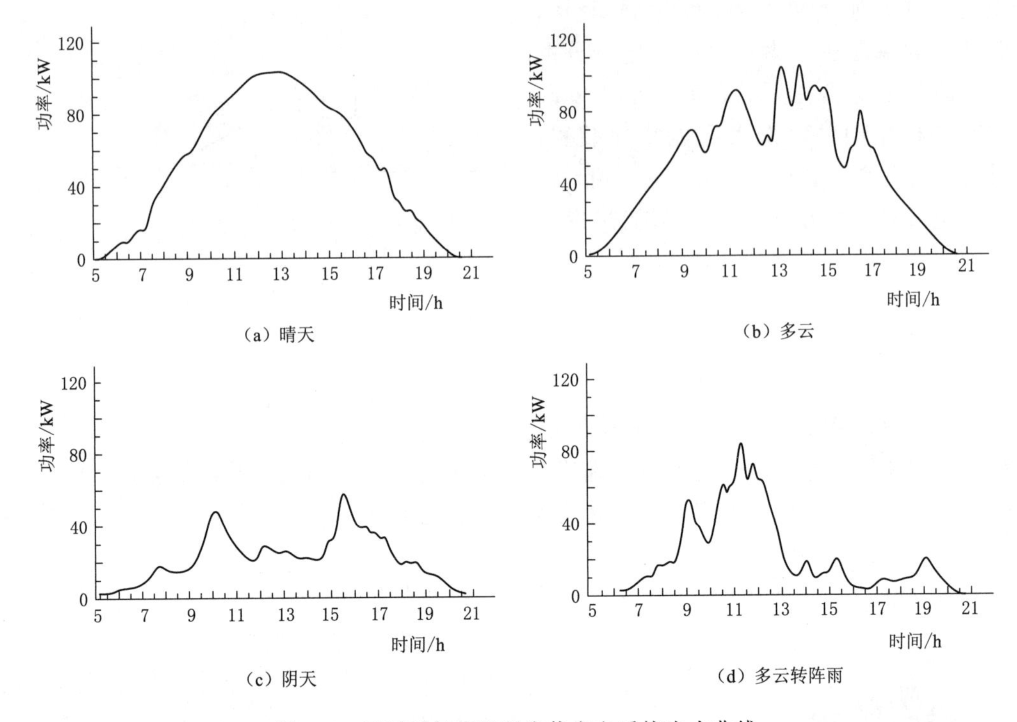


图3.9 不同天气状况下光伏发电系统出力曲线

同时，光伏电池板的运行工况易受外界太阳辐射值、环境温度、电池板组件温度等多种因素的影响，电能的输出表现出显著的非线性特性。光伏电池相同温度不同光照强度下、相同光照强度不同温度下伏安特性曲线及伏瓦特性曲线分别如图3.10和图3.11所示。

太阳能发电技术的优点表现如下：

(1) 太阳能是取之不尽、用之不竭的洁净能源，而且太阳能光伏发电是安全可靠的，不会受到能源危机和燃料市场不稳定因素的影响。

(2) 太阳光普照大地，太阳能是随处可得的，太阳能光伏发电对于偏远无电地区尤其适用，而且会降低长距离电网建设成本和输电线路上的电能损失。

(3) 太阳能不需要燃料，运行成本大大降低。

(4) 除了跟踪式外，太阳能光伏发电没有运动部件，因此不易损毁，安装相对容易，

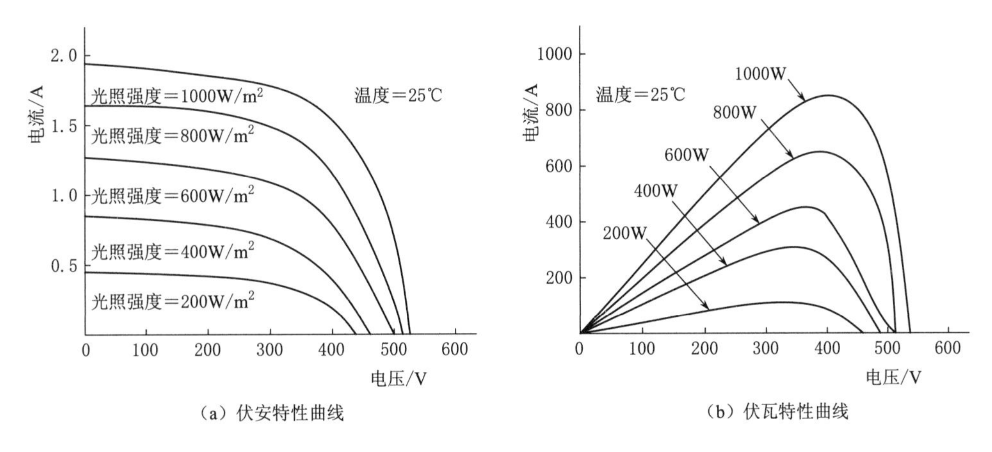


图 3.10　相同温度不同光照强度下伏安特性曲线及伏瓦特性曲线

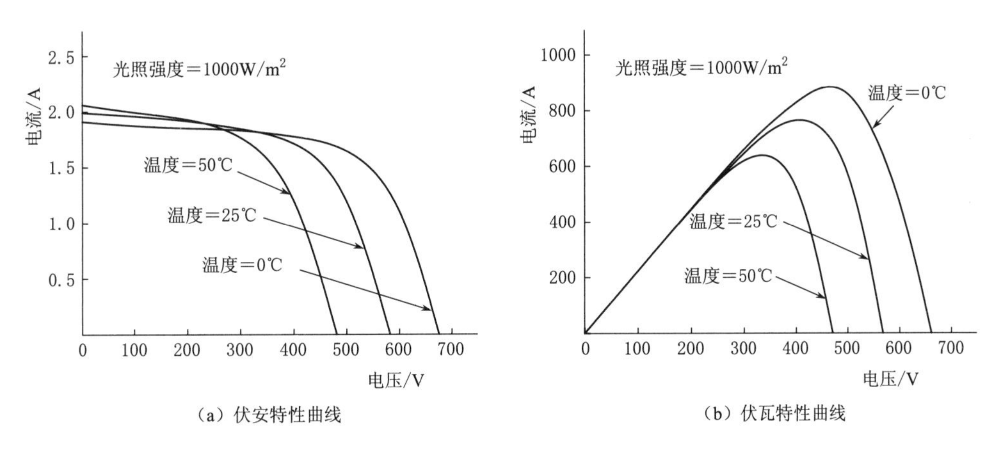


图 3.11　相同光照强度不同温度下伏安特性曲线及伏瓦特性曲线

维护简单。

(5) 太阳能光伏发电不会产生任何废弃物，并且不会产生噪声、温室气体及有毒气体，是很理想的洁净能源。安装 1kW 光伏发电系统，每年可少排放 $CO_2$（二氧化碳）600～2300kg、$NO_x$（氮氧化物）16kg、$SO_x$（硫氧化物）9kg 及其他微粒 0.6kg。

(6) 可以有效利用建筑物的屋顶和墙壁，不需要占用大量土地，而且太阳能发电板可以直接吸收太阳能，进而降低墙壁和屋顶的温度，减少室内空调的负荷。

(7) 太阳能光伏发电系统的建设周期短，而且发电组件的使用寿命长，发电方式比较灵活，发电系统的能量回收周期短。

(8) 不受资源分布地域的限制，可在用电处就近发电。

太阳能发电技术的不足表现如下：

(1) 地理分布、季节变化、昼夜交替会严重影响发电量，没有太阳的时候就不能发电或者发电量很小，这会影响用电设备的正常使用。

(2) 能量密度低，大规模使用时，占用的面积会比较大，而且受到太阳辐射强度的影响。

(3) 光伏系统的造价还比较高，初始投资高严重制约了其得到广泛应用。

(4) 年发电时数较低，平均为1300h。

(5) 精准预测系统发电量比较困难。

### 3.1.3 地热能发电技术

地热发电是以地下热水和蒸汽为动力源的一种新型发电技术。其基本原理与火力发电类似，也是根据能量转换原理，首先把地热能转换为机械能，再把机械能转换为电能。

开发的地热资源主要有蒸汽型和热水型两类，因此，地热发电也分为两大类：一次蒸汽法和二次蒸汽法。

一次蒸汽法是直接利用地下的干饱和（或稍具过热度）蒸汽，或者利用从汽水混合物中分离出来的蒸汽发电。

二次蒸汽法有两种含义：一种是不直接利用比较脏的天然蒸汽（一次蒸汽），而是让它通过换热器汽化洁净水，再利用洁净蒸汽（二次蒸汽）发电；第二种是将从第一次汽水分离出来的高温热水进行减压扩容生产二次蒸汽，压力仍高于当地大气压力，和一次蒸汽分别进入汽轮机发电。

地热水按常规发电方法是不能直接送入汽轮机去做功的，必须以蒸汽状态输入汽轮机才行。温度低于100℃的非饱和态地下热水发电，利用抽真空装置，使进入扩容器的地下热水减压汽化，产生低于当地大气压力的扩容蒸汽，然后将汽和水分离、排水、输汽充入汽轮机做功，这种系统称“闪蒸系统”。低压蒸汽的比容很大，因而使汽轮机的单机容量受到很大限制，但运行过程比较安全。如以氯乙烷、正丁烷、异丁烷和氟利昂等作为发电的中间工质，地下热水通过换热器加热，使低沸点物质迅速汽化，利用所产生的气体进入发电机做功，做功后的工质从汽轮机排入凝汽器，并在其中经冷却系统降温，又重新凝结成液态工质后再循环使用，这种方法称“中间工质法”，这种系统称“双流系统”或“双工质发电系统”。这种发电方式安全性较差，如果发电系统的封闭稍有泄漏，工质逸出后很容易发生事故。

### 3.1.4 其他发电技术

1. 核能发电技术

核电厂的生产过程与一般火电厂相似。压水堆核电厂实际上是用核反应堆和蒸汽发生器代替一般火电厂的锅炉。核反应堆中通常有100～200个燃料组件。在主循环水泵（又称压水堆冷却剂泵或主泵）的作用下，压力为15.2～15.5MPa、温度为290℃左右的蒸馏水不断在左回路（称一回路，有2～4条并联环路）中循环，经过核反应堆时被加热到320℃左右，然后进入蒸汽发生器，并将自身的热量传给右回路（称二回路）的给水，使之变成饱和或微过热蒸汽；蒸汽沿管道进入汽轮机膨胀做功，推动汽轮机并带动发电机发电。二回路的工作过程与火电厂相似。核能发电原理如图3.12所示。

目前，核电普遍利用的是核裂变技术，全球核电站采用的堆型都是裂变堆。核聚变是未来核电的发展方向，但受技术突破制约，前景尚不明朗。核聚变的优点主要体现在，地球上蕴藏的核聚变能远比核裂变能丰富，可控聚变能电站主要燃料是氘，大量存在于海水中；同时，核聚变具有安全、清洁的特点，不会产生污染环境的放射性物质。但目前聚变

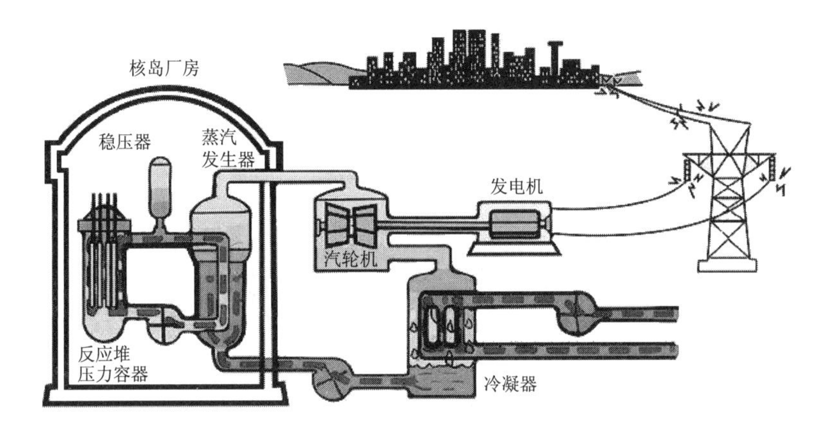


图 3.12　核能发电原理

能技术远未成熟，未来 30 年实现商业应用面临巨大挑战。

核能发电技术的优点表现如下：

（1）核能发电不像化石燃料发电那样排放巨量的污染物质到大气中，因此核能发电不会造成空气污染。

（2）核能发电不会产生加重地球温室效应的二氧化碳。

（3）核能发电使用的铀燃料，除了发电外，没有其他用途。

（4）核能发电的成本中，燃料费用所占的比例较低，核能发电的成本不易受到国际经济情势的影响，故发电成本较其他发电方法更为稳定。

核能发电技术的不足表现如下：

（1）核电厂会产生高低阶放射性废料，或者使用过的核燃料，虽然所占体积不大，但因具有放射线，故必须慎重处理，且需面对相当大的政治困扰。

（2）核电厂热效率较低，因而比一般化石燃料电厂排放更多废热到环境里，故核能电厂的热污染较严重。

（3）核电厂的反应器内有大量的放射性物质，如果发生事故释放到外界环境中，会对生态及民众造成伤害。

2. 潮汐能发电技术

潮汐能的主要利用方式是潮汐发电。潮汐发电与普通水力发电原理类似，通过出水库，在涨潮时将海水储存在水库内，以势能的形式保存，然后在落潮时放出海水，利用高、低潮位之间的落差，推动水轮机旋转，带动发电机发电。海水与河水不同之处在于，蓄积的海水落差不大，但流量较大，并且呈间歇性，因此潮汐发电的水轮机结构要适合低水头、大流量的特点。潮汐发电是水力发电的一种。在有条件的海湾或感潮口建筑堤坝、闸门和厂房，围成水库，水库水位与外海潮位之间形成一定的潮差（即工作水头），从而驱动水轮发电机组发电。与潮汐发电相关的技术进步极为迅速，已开发出多种将潮汐能转变为机械能的机械设备，如螺旋桨式水轮机、轴流式水轮机、开敞环流式水轮机等，日本甚至开始利用人造卫星提供潮流信息资料。利用潮汐发电的技术日趋成熟，已进入实用阶段。潮汐能发电原理如图 3.13 所示。

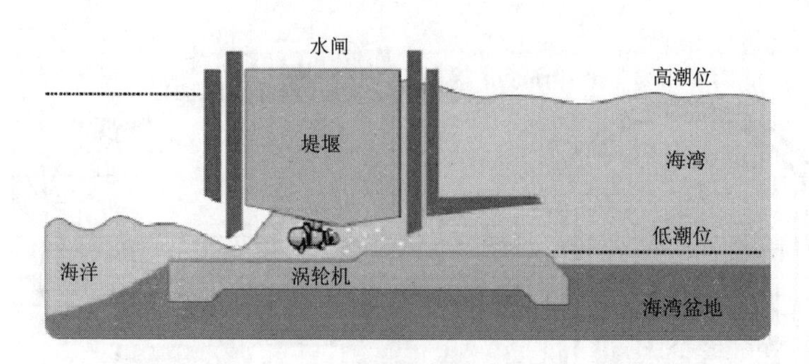


图 3.13 潮汐能发电原理

潮汐电站可以是单水库或双水库。单水库潮汐电站只筑一道堤坝和一个水库，双水库潮汐电站建有两个相邻的水库。

单库单向电站即只用一个水库，仅在涨潮（或落潮）时发电，因此又称为单水库单程式潮汐电站。我国浙江省温岭市的沙山潮汐电站就是这种类型。单库双向电站用一个水库，涨潮与落潮时均可发电，只是在水库内外水位相同的平潮时不能发电，这种电站称为单水库双程式潮汐电站，它大大提高了潮汐能的利用率。广东省东莞市的镇口潮汐电站及浙江省温岭市的江厦潮汐电站，就是这种型式。

为了使潮汐电站能够全日连续发电，必须采用双水库的潮汐电站，即双库双向电站。它是用两个相邻的水库，使一个水库在涨潮时进水，另一个水库在落潮时放水，这样前一个水库的水位总比后一个水库的水位高，故前者称为上水库（高水位库），后者称为下水库（低水位库）。水轮发电机组放在两水库之间的隔坝内，两个水库始终保持着水位差，故可以全天发电。

潮汐能发电技术的优点表现如下：

（1）潮汐能是一种清洁、不污染环境、不影响生态平衡的可再生能源。潮水每日涨落，周而复始，取之不尽，用之不竭。它完全可以发展成为沿海地区生活、生产和国防需要的重要补充能源。它是一种相对稳定的可靠能源，很少受气候、水文等自然因素的影响，全年总发电量稳定，不存在丰、枯水年和丰、枯水期的影响。

（2）潮汐电站不需要淹没大量农田构成水库，因此不存在人口迁移、淹没农田等复杂问题，而且可以利用拦海大坝，促淤围垦大片海涂地，把水产养殖、水利、海洋化工、交通运输结合起来，大搞综合利用。这对于人多地少、农田非常宝贵的沿海地区来说是个突出的优点。

（3）潮汐电站不需要筑高水坝，即使发生战争或出现地震等自然灾害，水坝受到破坏，也不至于对下游城市、农田、人民生命财产等造成严重危害。

（4）潮汐能开发实现了一次能源和二次能源的结合，不用燃料，不受一次能源价格的影响，而且运行费用低，是一种经济能源。

（5）机组台数多，不用设置备用机组。

潮汐能发电技术的不足表现如下：

（1）潮差和水头在一日内经常变化，无特殊调节措施时，出力有间歇性，给用户带来不便，须按潮汐预报提前制定运行计划，与大电网并网运行，以克服间歇性。

（2）潮汐半月变化，潮差可达两倍，故保证出力、装机的年利用小时数也低。

（3）潮汐电站建在港湾海口，通常水深坝长，施工、地基处理及防淤等问题较困难，故土建和机电投资大，造价较高。

（4）潮汐发电是低水头、大流量的发电形式。涨潮、落潮时水流方向相反，故水轮机体积大，耗钢量多，进出水建筑物结构复杂。因浸泡在海水中，海水、海生物对金属结构物和海工建筑物有腐蚀和沾污作用，须作特殊的防腐和防海生物黏附处理。

（5）潮汐变化周期为一个太阴日（24h50min），月循环为14天，每天高潮落后约50min，故与按太阳日给出之日的需电负荷图配合较差。

潮汐发电虽然存在以上不足之处，但随着现代技术水平的不断提高，是可以得到改善的。如采用双向发电或双库发电、利用抽水蓄能、纳入电网调节等措施，可以弥补间歇性的缺点；采用现代化浮运沉箱进行施工，可以节约土建投资；利用不锈钢制作机组，选用乙烯树脂系列涂料，再采用阴极保护，可解决海水腐蚀及海生物黏附的难题。

3. 生物质能发电技术

生物质能是一种以生物质为载体的可再生的清洁能源，其来源包括农业废弃物、林业废弃物、生活废弃物和工业废弃物，以及潜在的人工培育生物质能源、各类能源农作物、能源林木等。生物质能是绿色植物通过叶绿素将太阳能转化为化学能而储存在生物质内部的能量，属可再生能源。薪柴、农作物秸秆、人畜粪便、有机垃圾及工业有机废水等，是主要的生物质能资源。目前，全球生物质能理论生产潜力每年为376亿～512亿t标准煤。考虑到环保等制约因素，较为现实的生产潜力可达到68亿～170亿t标准煤。从全球来看，生物质能主要集中在南美洲、非洲南部、东欧、大洋洲、东亚地区。生物质利用方式包括供热、发电及生产生物液体燃料，生物质发电利用规模总体不大。

生物质能源是新能源的重要组成部分，生物质能产业的发展对于有效解决环境能源问题、打造循环经济具有非常积极的作用。发展生物质能既可以有效缓解农村地区的环境压力，又可以对废弃资源进行充分利用，截至2017年，我国生物质垃圾发电累计装机容量达到647万kW，沼气工程建设、沼气利用技术在我国农村地区也取得了很大进步。生物质能发电系统是以生物质能为能源的发电工程，如垃圾焚烧发电、沼气发电、蔗渣发电等。我国生物质能产业拥有良好的发展前景，但目前其开发利用还停留在示范阶段，生物质能源的发电贡献率还很低，生物质能产业的巨大市场空间还需要进一步开拓。

## 3.2 清洁能源发展现状

能源一直是人类发展进程中最关键的因素，现阶段世界上的主要能源，石油、煤炭、天然气等化石能源属于不可再生能源，风力、地热能、水力、核能、生物质能等新能源作用有限或技术仍不发达。而世界对能源的需求持续增加，所以开发代替化石能源的新能源和节能减排技术十分迫切。

### 3.2.1 全球发展现状

进入21世纪以来，伴随着世界经济的增长及国际社会对能源安全、生态环境、气候变化等可持续发展问题的日益重视，加快开发可再生能源利用及提高能源效率已然成为世界各国的普遍共识。

目前，全球能源发展进入新阶段，以高效、清洁、多元化为主要特征的能源转型进程加快推进，能源投资重心向绿色清洁化能源转移，推动全球绿色能源发电装机容量持续增长，绿色能源发电已然成为全球发电的重要力量。

在各类绿色能源中，风电、核电、太阳能发电占据着绝大部分比重。

就全球风电来看，根据GWEC（全球风能理事会）数据统计，2017年，全球风电新增装机容量为52492MW，累计装机容量首次超过500GW，达到539GW。其中，亚洲地区风电累计装机容量最多，2017年约为229GW；其次是欧洲地区，累计装机容量为178GW；北美地区排在第三，累计装机容量105GW；非洲与中东地区、拉丁美洲、太平洋地区累计装机容量较低。

核电方面，根据国际原子能机构统计，截至2017年年末，全球核电装机容量约为39172万kW。其中，美国以99952MW排在首位，大幅领先于其他国家；法国紧随其后，核电装机容量为63130MW；日本排在第三，我国排在第四。

从在运核电机组来看，根据世界核能协会数据显示，截至2018年6月，美国累计核电机组有99座，同样居全球首位；法国和日本分别以58座和42座依次排名之后；我国拥有核电机组数量为39座，排在全球第四。

与风电、核电类似，全球太阳能发电市场同样处于快速增长阶段。数据显示，截至2017年年底，全球光伏累计装机容量达到403GW，较上年增长28.43%。其中，全球太阳能发电需求增长最快的国家为中国、美国、日本。根据BP数据，2017年，中国太阳能发电量占全球太阳能发电总量的24.45%，位居第一；美国以77.9TW·h的发电量排在第二，占17.60%；日本排在第三，占14.08%。

全球绿色能源将持续增长，主要领域集中在太阳能发电和风力发电，并对水力发电产生实质性的补充作用。根据EIA（Energy Information Administration，美国能源信息署）数据，2022年，全球可再生能源发电占全球电力的市场比重达30%，发电装机容量增加总量达920GW。绿色能源技术成本将大幅降低，从而提高其在全球能源系统中的比重。随着绿色能源技术水平的提高，尤其是风能及太阳能利用技术和发电效率的提高，预计到2060年，绿色能源发电成本将下降70%，届时大型储能技术将得到广泛应用，进而可以应对分布式能源发展的波动性。向绿色、低碳、清洁化能源转型是全球各国和各个地区发展到现阶段极为重要的目标。但在实现能源转型和大力发展绿色能源的过程中，世界各国及各个地区会面临一系列问题，如国际政治经济局势的动荡不安、美国页岩油和页岩气产量的波动、新兴经济体因经济发展导致的能源消耗的大幅度提升及绿色能源发展中面临的挑战等，这些矛盾或问题单凭一国或单个地区很难得到根本性解决。开展绿色能源国际合作，一方面可以突破投资或融资下滑瓶颈；另一方面可以通过国际间的技术合作，实现技术创新和资源要素的优化配置，进而优化原有的能源结构，实现绿色能源的可持续发展。

### 3.2.2 我国发展现状

2021年，我国水电、风电、光伏发电装机容量均突破3亿kW，其中水电装机容量约为3.9亿kW（常规水电3.5亿kW，抽水蓄能3639万kW），风电约为3.3亿kW

（陆上 3.0 亿 kW，海上 2639 万 kW），太阳能发电约为 3.1 亿 kW（集中式 2.0 亿 kW，分布式 1.1 亿 kW，光热 57 万 kW）。风电并网装机容量已连续 12 年稳居全球第一，光伏发电并网装机容量连续 7 年稳居全球第一，海上风电装机跃居世界第一。另外，核电为 5326 万 kW，生物质发电为 3798 万 kW。2012—2021 年全国电力装机结构见表 3.1，如图 3.14 所示。

**表 3.1　2012—2021 年全国电力装机结构**　单位：万 kW

| 装机类型 | 年份 | | | | | | | | | |
|---|---|---|---|---|---|---|---|---|---|---|
| | 2012 | 2013 | 2014 | 2015 | 2016 | 2017 | 2018 | 2019 | 2020 | 2021 |
| 火电 | 81968.00 | 87009.00 | 93232.00 | 100050.00 | 106094.00 | 111009.00 | 114408.00 | 118957.00 | 124517.00 | 129678.00 |
| 水电 | 24947.00 | 28044.00 | 30486.00 | 31953.00 | 33207.00 | 34411.00 | 35259.00 | 35804.00 | 37016.00 | 39092.00 |
| 核电 | 1257.00 | 1466.00 | 2008.00 | 2717.00 | 3364.00 | 3582.00 | 4466.00 | 4874.00 | 4989.00 | 5326.00 |
| 风电 | 6142.00 | 7652.00 | 9657.00 | 13075.00 | 14747.00 | 16400.00 | 18427.00 | 20915.00 | 28153.00 | 32848.00 |
| 太阳能发电 | 341.00 | 1589.00 | 2486.00 | 4318.00 | 7631.00 | 13042.00 | 17433.00 | 20418.00 | 25343.00 | 30656.00 |

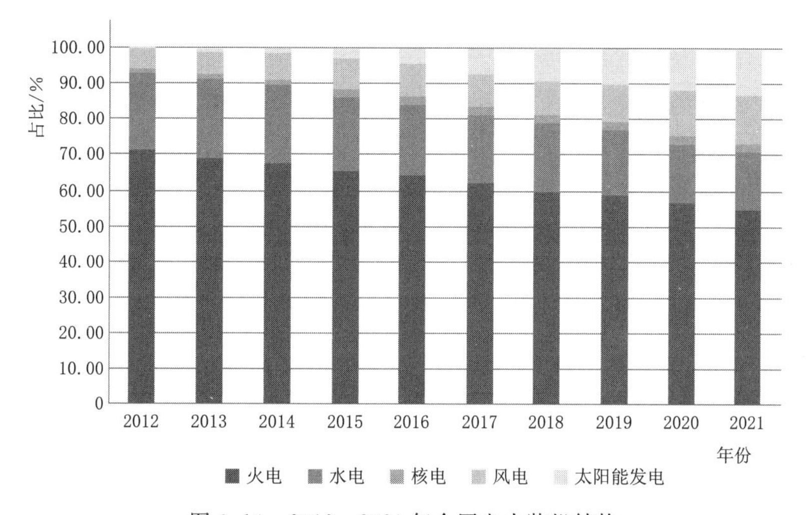


图 3.14　2012—2021 年全国电力装机结构

2021 年，清洁能源发电装机容量首次超过煤电。从 2012—2021 年 10 年历史数据来看，清洁能源装机比重明显上升，2021 年全口径非化石能源装机容量达 11.2 亿 kW，同比增长 13.4%，占总发电装机容量的 47.0%，首次超过煤电装机规模。2021 年，可再生能源发电累计装机容量达到 10.3 亿 kW，比 2015 年年底实现翻番，占全国发电总装机容量的 43.2%，比 2015 年年底提高 10.9 个百分点。

从装机增速看，2021 年，风电和太阳能发电装机容量以超过 15%的速度大幅增长，太阳能发电同比增长 20.9%，风电同比增长 16.6%，核电同比增长 6.8%，水电同比增长 5.6%，火电同比增长 4.1%，煤电同比增长 2.8%，所占总发电装机容量的比重同比下降 2.3 个百分点。2016—2021 年火电、水电、风电、太阳能发电、核电装机增速如图 3.15 所示。

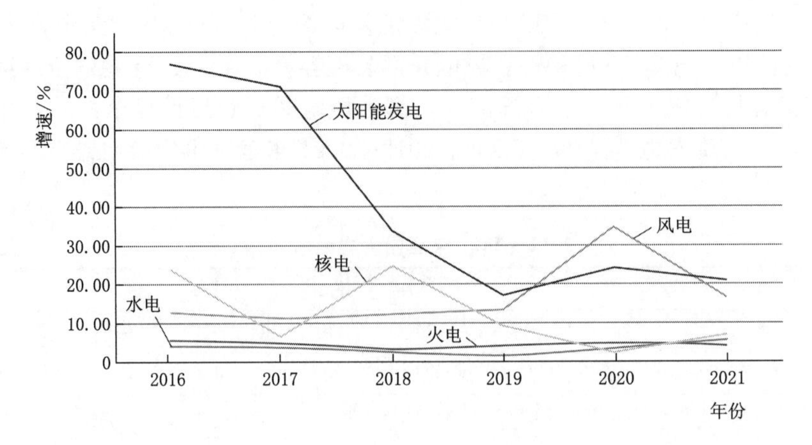


图 3.15 2016—2021 年火电、水电、风电、太阳能发电、核电装机增速

2021 年，并网水电、风电分别为 2349 万 kW、4757 万 kW，核电为 340 万 kW，太阳能发电为 5493 万 kW，生物质为 808 万 kW。新增非化石能源发电装机容量为 13809 万 kW，占新增发电装机总容量的 78.3%，同比提高 5.2 个百分点。新增可再生能源装机容量为 1.34 亿 kW，占全国新增发电装机的 76.1%。

新增发电装机总规模连续 9 年过亿千瓦，2020 年为历年最高水平。2018 年、2019 年受电力供需形势变化等因素影响，水电、核电、太阳能发电新增装机容量几乎减半，导致这两年新增装机规模连续下滑。2020 年，在水电、风电、太阳能发电装机容量高速增长的带动下，新增装机容量大幅提升。2015—2021 年全国新增电力装机结构如图 3.16 所示。

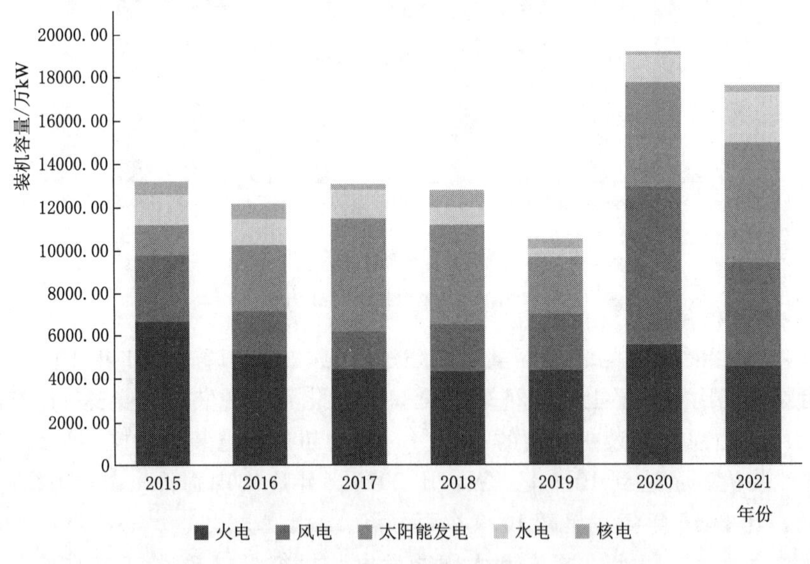


图 3.16 2015—2021 年全国新增电力装机结构

2021 年，全国风电新增并网装机容量为 4757 万 kW，为“十三五”以来年投产第二多，比第一多的 2020 年少投产 2454 万 kW 其中陆上风电新增装机 3067 万 kW，海上风电新增装机 1690 万 kW。从新增装机分布看，中东部和南方地区约占 61%，“三北”地区约

占 39%。由于 2021 年是海上风电新并网项目获得国家财政补贴的最后一年，全国全年新增并网海上风电装机规模创历年新高，达到 1690 万 kW。我国大型风电光伏基地项目接连开工，2021 年 10 月中下旬近 3000 万 kW 大型风电光伏基地项目开工。

2021 年，全国太阳能发电新增装机容量为 5493 万 kW，全国光伏新增并网装机容量为 5488 万 kW，为历年年投产最多，其中光伏电站 2560 万 kW、分布式光伏电能 2928 万 kW。分布式光伏新增发电装机容量约占全部光伏新增容量的 53%，历史上首次突破 50%，集中式与分布式光伏并举的发展趋势明显。户用光伏继 2020 年首次超过 1000 万 kW 后，2021 年超过 2000 万 kW。从全国光伏新增装机布局看，装机占比较高的区域为华北、华东和华中地区，分别占全国新增装机的 39%、19%和 15%。2012—2021 年新增风电、太阳能发电装机容量如图 3.17 所示。

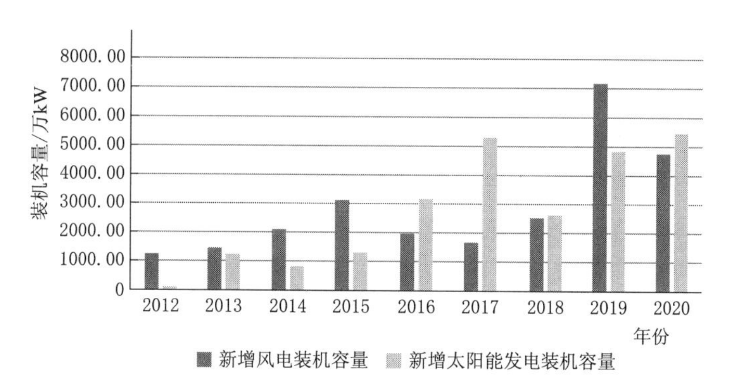


图 3.17 2012—2021 年新增风电、太阳能发电装机容量

2021 年，核电新增装机容量较上年增加 228 万 kW，主要有“华龙一号”全球首堆示范工程——福清核电 5 号机组正式投入商业运行，全球首个并网发电的第四代高温气冷堆核电项目——石岛湾高温气冷堆核电站示范工程首次并网发电，田湾核电 6 号机组、红沿河核电 5 号机组建成投产。2012—2021 年核电装机和新增装机容量如图 3.18 所示。

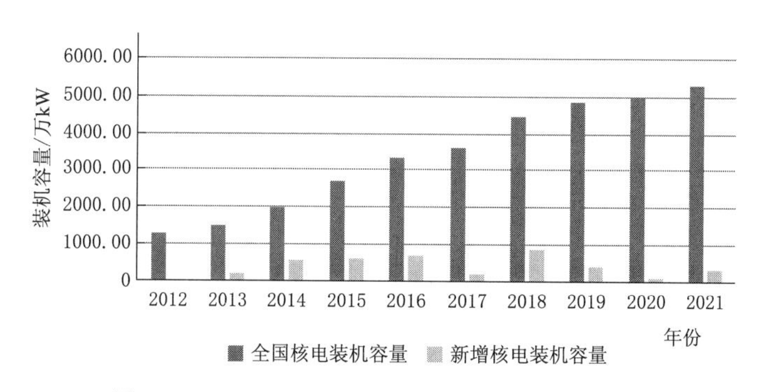


图 3.18 2012—2021 年核电装机和新增装机容量

2021 年，全国新增水电并网容量为“十三五”以来年投产最多。截至 2021 年 12 月底，我国“十四五”开局之年投产发电的超级工程——白鹤滩水电站已有 8 台机组投产发电，将与三峡工程、葛洲坝工程，以及金沙江乌东德、溪洛渡、向家坝水电站一起，构成世界最大的清洁能源走廊。雅砻江两河口水电站 5 台机组投产发电。乌东德水电站于 6 月

实现全部12台85万kW机组投产发电，全面进入运行管理新阶段。2012—2021年水电装机和新增装机容量如图3.19所示。

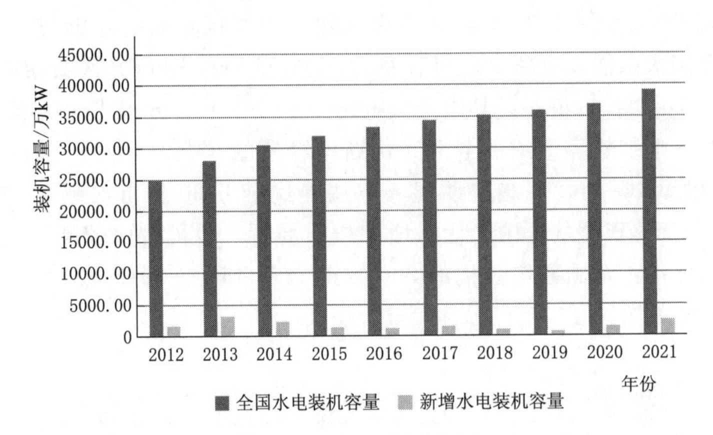


图3.19 2012—2021年水电装机和新增装机容量

改革开放后经济快速发展，我国对能源的需求与日俱增，煤、石油、天然气等化石能源的消耗量急速增加。步入20世纪80年代后期，发电工业和制造产业迅猛发展，利用过时、重污染技术与加速形成的化石燃料系统在同一时间出现。随后，我国经济增长模式发生转变，大力发展轻工业和服务业，减少了化石燃料的消耗和污染的排放。步入21世纪以后，中国步入新兴科技时代，大力建设公共基础设施，提倡把煤炭作为主要能源。能源消费由此进入快速增长期，使用量增加了一倍，能源过度使用排放的污染物对环境造成了严重影响。

我国的能源使用步入飞速增长阶段后，化石能源的使用和环境恶化与治理技术手段的不成熟之间的矛盾日益突出，进而减弱了国家经济发展的前进动力。为此我国不断加强能源结构性改革，在高效利用能源的同时有效开发绿色能源，做到经济与环境共同发展。到目前为止，我国已经初步形成以煤炭、石油、天然气、电力为主，可再生能源和新能源为辅的多元化能源供应体系。

随着经济的发展，从我国资源使用和经济发展的角度分析，目前我国大力推进新能源发展的时机基本成熟。2012年，水电、风电、核电、太阳能等能源占一次能源消费的比重已达到8.3%，在2009年不包括核电在内的新能源消费总量中的比重，丹麦是17%，瑞典高达34%。据国家统计局数据，2016年，我国电能使用占终端能源消费的比重就已超过英国、美国、德国等发达国家，分别高出1.1个百分点、1.8个百分点、2.4个百分点，电气化已处于国际领先水平，电力成为推动我国经济社会转型发展的重要保障和强大引擎。2018年，我国的能源消费量达到46.4亿t标准煤，同比增长3.3%，全社会用电量达68449亿kW·h，同比增长8.5%。2018年，我国电能使用占全国终端能源消费的比重接近26%，分别比2017年、2016年同比提高约1.1个百分点、2.1个百分点。

“十四五”时期将是我国经济由高速增长向高质量发展转型的攻坚期，全国能源行业也将进入全面深化改革的关键期，在全面分析总结“十三五”期间我国能源行业发展经验、问题及国际经济与能源形势最新状况的基础上，针对“十四五”能源规划重点，提出以下几点政策建议。

（1）新能源的分布式发展。“十四五”时期，从能源发展的思路上，我国将改变过去主要依靠基地式大发展的路径，重点转向户用分布式发展，形成大规模集中利用与分布式生产、就地消纳有机结合，分布式与集中式“两条腿”走路的格局。

分布式能源具有利用效率高、环境负面影响小、可提高能源供应可靠性和经济效益好等特点，已成为世界能源技术重要的发展方向。分布式开发模式既可实现电力就地消纳，避免弃风弃光，又能避免远距离电力传输，节省投资，减少输电损耗，同时可以满足东部发达地区经济能源需求与消纳重心匹配不均衡的问题。

在国际能源转型升级和国内能源形势日益严峻的背景下，智能化新能源是能源革命的主战场。当前，在我国人口稠密、电力需求旺盛、用电价格较高的中东部地区，新能源分布式发电已具有较好的经济性，具备了较大规模应用的条件。“十四五”期间，光伏、风电、生物质能、地热能等能源系统的分布式应用、创新发展将成为我国应对气候变化、保障能源安全的重要内容。

（2）传统能源的清洁化利用。以传统能源为主的世界能源结构，带来的化石能源枯竭和环境污染，已经使能源问题上升为一个国家能否安全、全面、协调、可持续发展的重大战略问题。我国长期以来的高碳型能源结构迫使我们必须实行能源结构低碳化改良，加快传统能源技术进步，提高煤炭、石油、天然气等传统化石能源的清洁化利用水平，推动我国能源行业高质量发展。

“十四五”时期，我国仍将面临复杂的国际、国内能源革命形势，未来很长一段时期，煤炭在我国一次能源消费中仍将占主导地位。为加快推动能源消费革命，进一步提高煤炭等传统化石能源的清洁高效利用水平将成为“十四五”时期我国能源发展的重要任务。应大力推进煤基醇醚燃料、煤制油、天然气替代等清洁化利用方式，多途径促进传统能源清洁、高效、循环发展。尽管传统能源清洁化利用不能彻底解决环境污染和低碳减排的问题，但在某种程度上能够相对实现污染治理和温室气体减排，因此，清洁化利用将成为传统能源未来发展的重要方向。

（3）传统能源与新能源的包容式发展。在我国能源发展的大格局中，传统能源与新能源的投资主体不能长期处于对立状态，应该有机结合、分工合理、有序合作。从目前情况来看，我国传统能源以国有经济为主体，新能源则以民营经济为主，协调好二者的发展关系，对平滑、顺利、稳定地实现新能源对传统能源的替代具有重要现实意义。因此，在“十四五”能源结构布局中，应结合中央关于混合所有制改革的重大部署，通过建立民营新能源与国有传统能源包容发展的协同体系、加强民营新能源企业与国有企业的混合所有制改革、鼓励传统能源企业主动介入新能源领域等方式，积极推动传统能源与新能源包容式发展，这不仅是对我国能源格局的一种理性化调整，更是国有经济与民营经济包容式、协调式发展的体现，将对我国经济社会长期保持稳健、高质量发展产生重要影响。

（4）建立以储能为核心的多能互补能源体系。在我国推进能源结构转型的过程中，单一能源品种的利用已受到多方掣肘，建设高效、灵活的综合能源体系将成为“十四五”时期能源发展的重点。然而，不同能源系统间往往存在差异，且系统中各类能源的供能彼此间容易出现缺乏协调、能源利用率低等问题，急需具有调峰调频、辅助服务等优势的储能技术支撑。风光水火储多能有效结合、发挥各类能源优势、取长补短、紧密互动，不但能为新能源提供调峰调压电力，提升新能源发电消纳能力，增加新能源应用比重，缓解弃风、弃光、弃水等问题，也有利于降低火电等传统能源高污染、高耗能的程度，为优化能源结构、降低环境污染助力。因此，大力发展以储能为核心的多能互补能源体系，将成为我国能源经济持续稳定、高质量发展的关键。2018 年，全国工商联新能源商会举办以“多能互补”为主题的第十二届中国新能源国际高峰论坛，在业内产生良好反响，符合市场的预期和方向。

（5）关键技术研发与重大工程布局。能源经济发展的希望在于通过技术的进步和成本的降低，提供更清洁、更廉价的能源产品，未来我国能源高质量发展过程中，关键技术和重大工程布局仍然是值得重视的问题。值得欣喜的是，自 2006 年《中华人民共和国可再生能源法》推行以来，在技术创新的驱动下，我国新能源产业规模稳步增长，屡破世界纪录，此后不到 10 年我国光伏发电成本降幅达到 90%左右，陆上风电度电成本下降 40%以上。随着技术的快速进步，“十四五”时期以风电、光伏发电为代表的新能源行业将逐步实现平价，“十四五”能源发展的侧重点将由速度规模型向质量效益型转变，因此必须重视关键技术研发攻关，加快培育能源发展新动能。

在关键技术创新方面，既要体现国家对重大工程的布局，也要充分发挥民间力量，尤其是行业组织和主要能源企业的研发积极性。一方面，国家必须把握好能源变革绿色低碳化方向，在核心和关键技术领域进行长远布局，在政策上加强引导；另一方面，行业组织和能源企业必须大力加强技术攻关，在核心技术领域取得话语权，通过多元有机结合模式，形成真正的创新主体，为建设现代能源体系提供有力支撑。

（6）深化以市场化为导向的能源体制机制改革。深化市场化改革在能源领域中的体现就是运用市场化的体制机制，推动能源革命纵深发展。我国自 2002 年启动电力市场化改革以来，市场配置资源的决定性作用得到了初步发挥，发输配送诸环节形成了良好的发展局面，取得了显著成效，对此后的能源经济发展起到了积极的推动作用。“十四五”时期将是我国经济由高速增长向高质量发展转型的攻坚期，能源行业也将进入全面深化改革的关键期，面临全面推进能源消费、供给、技术和体制革命，全方位加强国际合作的新要求。在此期间，我国应继续充分发挥市场化机制的作用，稳步推进能源领域市场化改革，优化能源供应格局，厂网分开、竞价上网等体现市场化机制的重大措施，仍将是能源领域推进市场化改革的重要方向。与此同时，我们还要注意和警惕当前出现的一些非市场化方向的声音和苗头，时刻坚定深化市场化改革的方向和信心，推动能源领域实现健康稳定发展。

## 3.3 清洁能源发展难题

### 3.3.1 能源分布不均衡

新能源发展规划不足，加之国内政策的倾向性，导致近几年我国风电和光伏发电装机发展迅速，而网架结构不足以容纳如此大规模清洁能源的接入。

我国国家电网接入的新能源占比大概为13%，所以从整体上来看，我国新能源装机占比是较低的。我国的新能源在全国各地的分布也不同，“三北”地区资源丰富，所以集中对“三北”地区的新能源进行开发，由此导致这些地区的装机占比非常高。例如甘肃省，它的新能源装机总量在“十二五”期间增加了将近700万kW。不难看出，这些地区的新能源开发与消纳严重不平衡。

弃风问题是一个全局性问题，受多方面因素影响，如电网调峰能力、网架结构约束及电网承载能力等，需要政府、电网及风电企业从自身角度出发，共同努力，以降低弃风率。

2017年，蒙西电网新能源装机容量达到2100万kW，近十年年均装机增长20%以上，对电网承载能力构成了较大挑战。

蒙西电网新能源装机爆炸式增长，既有国家政策支持、地方政府利益驱使的因素，也有各新能源投资方推波助澜的影响，是多方共同作用的结果。一方面，政府为拉动地方经济，积极争取新能源项目，各新能源建设企业为了抢资源拼命上项目，导致新能源装机容量超过电网的承载能力，出现了“弃风弃光”现象；另一方面，电网规划建设周期长，无法满足新能源项目的快速增长，致使电网网架约束逐渐增多，被迫“弃风弃光”。

2020年我国风电及太阳能装机分布结构如图3.20所示。

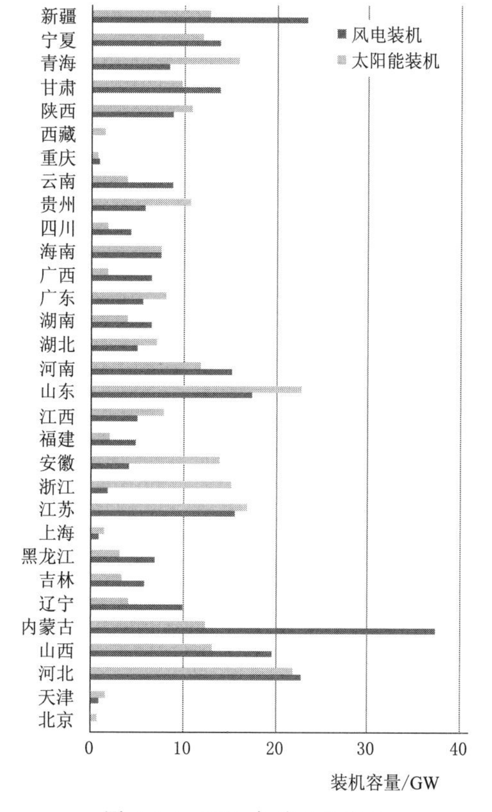

图3.20 2020年我国风电及太阳能装机分布结构

时至今日，新能源产业发展还处于初级探索阶段，应用领域也不是非常广泛，所以新能源产业开发利用效果不甚明显。对此，我国政府应当给予实质性的支持，以便新能源产业发展能够在政府的帮助下取得更为显著的效果。从现阶段新能源产业发展实际情况来看，政府虽然大力支持新能源开发利用，但政策帮助力度不够，也就是给予新能源开发利用的财力、技术帮助远远不够，致使新能源产业发展时常表现出疲软状态。

### 3.3.2 电能输出不稳定

在利用过程中，新能源存在较强的间歇性和波动性，大规模并网对电网带来多种不良影响，主要表现为频率波动、电压波动、各类谐波以及电能质量问题等。

近年来，我国新能源持续快速增长，在电网中的占比日益提高，逐步进入大规模发展阶段，目前风电、太阳能装机容量均居世界第一。我国风电主要集中在西北、东北、华北地区，截至2017年，风电已成为“三北”地区第二大力来源，西北部分省份风电出力占比甚至已超过50%。太阳能装机约一半位于西部省份，其中甘肃、新疆、青海集中式光伏装机容量均超过5GW。

风电、光伏等新能源与常规能源不同，其等效转动惯量很小，缺乏相关频率调节功能，电压调节能力有限，频率、电压耐受能力不足，在系统频率、电压大幅波动情况下容易脱网，给系统安全稳定运行带来不利影响。

风电最显著的特性就是波动性。风电发动机的工作原理与传统发电机原理并不一样，技术结构和操作都存在着一定的差异。电网接受的风电容量大小，主要由地区电网系统调峰能力决定。风力条件好的地区有可能存在多个风电场，而每个风电场内配置了数十台甚至上百台风电发动机组，但风电发动机的容量较小。为了提高发电功率，同一个地区的风电场会分散建设，其范围也相对较广。而分散的风电场不利于电力企业进行管理，降低了电网系统运行的安全性和稳定性。所以为改善风电系统的波动性，要在建设过程中预留充足的旋转设备对整个电网系统的波动功率进行调节。

光伏发电的特点与风电发电相似，都具有间隔性和波动性的特点。由于光伏发电功率波动不定，所以光伏系统在电能输出时波动会比较大，对电网有很大的影响，同时给电网在调节和管理上带来不便。比如在光伏系统中，光伏发电输出电能时功率大幅度波动，会导致整个电网管理设备对功率频繁进行调节，大大降低了电网系统的安全性能。同时，电压大幅度波动给电力企业的经济效益带来不利影响。

随着风电、光伏等新能源大量并网，直流远距离输电规模持续增长，送受端常规机组被大量替代，电网形态及运行特性发生显著变化，系统电力电子化特征凸显，主要体现在如下几个方面：一是电网调节能力严重下降；二是电网抗扰动能力不足；三是电网稳定形态更加复杂；四是连锁故障风险增加，系统安全稳定运行面临更大压力。

风电、光伏系统运行特性不同于常规机组，规模化接入后对系统安全稳定影响较大，主要表现在以下几个方面。

（1）等效转动惯量小。

（2）风机叶片等效转动惯量小，光伏基本无转动惯量。

（3）一次调频能力不足。现有标准对常规火电、水电机组都有明确规定，但对新能源机组一次调频能力未做要求（表3.2）。新能源机组难以对系统提供有效的有功调节支撑，对电网频率稳定性造成的影响正日益显现。

**表3.2 机组一次调频能力要求**

| 机组 | 一次调频能力 | 机组 | 一次调频能力 |
|---|---|---|---|
| 风电 | 无 | 常规火电 | 6%额定功率 |

（4）电压调节能力有限。

（5）风电、光伏无功电压调节能力有限，难以达到常规机组的调节能力。

（6）频率、电压耐受能力不足。风电、光伏等新能源涉网性能标准偏低，其频率、电压耐受能力与常规火电机组相比比较差（表3.3），事故期间容易因电压或频率异常而大规模脱网，引起连锁故障。该问题随着新能源的大规模集中投产将日益突出。

表 3.3　　不同类型机组涉网性能标准对比表

| 机　组 | 电压耐受上限/p.u. | 频率耐受下限/Hz | 频率耐受上限/Hz |
|---|---|---|---|
| 常规火电 | 1.30 | 46.50 | 51.50 |
| 风机 | 1.10 | 48.00 | 50.20 |
| 光伏 | 1.10 | 48.00 | 50.50 |

(7) 易引发次同步谐波。电力电子装置的快速响应特性，在传统同步电网以工频为基础的稳定问题（功角稳定、低频振荡等）之外，出现了新的稳定问题。与传统电网中同步、异步概念不同，电力电子装置诱发次同步或超同步振荡后，可能仍会挂网运行，持续威胁电网安全运行。

### 3.3.3 市场竞争力不足

以风电和光伏发电系统为典型的新型能源，装机成本相对传统能源而言较高，在目前电力能源市场中，竞争力不够。

新能源产业运营成本较高是个全球性问题。对于我国新能源产业发展来说，运营成本高产生的原因是产业发展规模化程度偏低，加之市场体系不完善及产业发展空间有限，比如风能、太阳能等新能源的开发利用处于初级阶段，缺乏成熟的技术、丰富的经验、专业化的人才等，致使新能源开发利用势必多走一些弯路，浪费一定的人力、物力、财力。以可再生能源发电为例，尽管国内可再生能源的资源潜力巨大，且部分技术实现了商业化，但在实际开发可再生能源的过程中依旧会出现一些问题，需要投入大量资金来处理和解决，如此势必会增加运行成本，而占据的市场容量又较小。正因如此，再生能源发电产业的发展比较缓慢。

降低发电成本，需要政策支持。众所周知，与传统能源发电相比，利用新能源发电的成本较高。即便随着技术的不断进步，成本逐渐下降，新能源电力的开发和利用成本仍然不具备竞争优势。因此，各国纷纷采取相应的政策措施，采用强制上网、固定上网电价制度（FIT）等手段来利用新能源，并对相关企业进行补贴。近年来，各国也在不断探索新能源利用的新方式，逐步减少相关扶持政策，但是在推广新的新能源开发利用方式的过程，相关政策的引导仍不可或缺。

改善市场环境，需要政策培育。由于成本不具有优势，新能源在利用过程中，市场的自发需求有限。在需求限制下，部分风电、光伏发电等存在供给过剩的情况。在实践中，一方面，为了应对市场需求不足，各国会采取强制上网、财政补贴等手段进行干预；另一方面，通过政策引导，运用竞价招标、“领跑者”制度等，推进市场竞争，完善市场机制并发挥其作用。

2019 年，国家发展改革委、国家能源局下发《关于积极推进风电、光伏发电无补贴平价上网有关工作的通知》，要求相关单位积极推进并落实风电、光伏发电平价、低价上网项目建设，旨在促进可再生能源高质量发展，提高风电、光伏发电的市场竞争力。具体内容解析如下：①2019 年成为光伏产业的“无补贴元年”，政策中明确指出，推进并引导建设一批上网电价低于燃煤发电标杆上网电价的低价上网试点项目，故 2019 年有大批无补贴项目出现，成为新增装机的中坚力量；②以土地税费为代表的“非技术成本”迎来下降，为平价上网扫清障碍；③无补贴项目可以通过市场化交易，即绿证的售卖来增添收益。

另外，自2018年“531新政”出台，到平价上网政策的稳步推进，光伏产业应该清醒地意识到，国家降低对光伏产业的补贴，短期内自有抑制过剩产能的意图，从长期来看，光伏产业政策的红利已趋尾声，未来须赤手空拳与火电、水电产业搏斗。

### 3.3.4 能源消纳能力不够

我国新型能源较为集中，主要在西北地区，负荷则主要在华东和华中地区，造成能源和负荷之间存在空间上的隔离。能源区不具备足够的能源消纳能力，同时输送通道不够完善，导致出现较大规模的弃风、弃光、弃水现象。

消纳问题一直是阻碍着新能源发展一大阻力。近年来，我国新能源高速发展，新能源储备量巨大，但相关机制还不尽完善，致使我国一直受到新能源消纳问题的挑战，某些地区甚至出现弃风、弃光等资源极度浪费现象，这些问题也已引起我国政府甚至世界的关注。2014年，我国新能源消纳电量为235TW·h，弃风、弃光42TW·h。

新能源消纳难、并网难不仅仅是新能源自身特点造成的，更是当前电力体制下利益关系不畅而形成“风火竞争”“光火竞争”局面的必然结果。要从根本上解决新能源消纳难题，须从加快技术创新和扫除体制障碍两个方面入手，只有理顺新能源和传统化石能源的利益关系，同时大力发展调峰电源，变竞争关系为互补关系，才能从根本上消除新能源发展的瓶颈问题，促进新能源市场的更快扩张。

（1）新能源消纳难、并网难仍然是一个挥之不去的老问题。近些年来，尽管风电、光伏等新能源发展迅速，但资源富集地与电力消费地不匹配、技术因素以及体制障碍导致的新能源消纳难、并网难仍是困扰行业发展的难题。一方面是政府大力扶持新能源建设，另一方面存在大量弃风弃光现象，光伏与风能时常处于无用武之地的尴尬境地。我国新能源面临着严重的“弃风（弃光）限电”问题，导致新能源开发不得不转向低风速、低光照地区，这些地区尽管没有消纳问题，但可开发的资源非常有限，且面临复杂的开发环境。2014年，我国并网风电平均利用小时数为1905h，同比减少120h。据国家能源局的统计，2015年1—9月，全国弃光率为10%，而2015年上半年弃风率为15.2%，同比上升6.8个百分点。其中甘肃弃光率达28%，居全国之首。弃风限电主要出现在蒙西经济区（弃风率20%）和甘肃（弃风率31%）等地。

国家能源局2015年初就明确了国内光伏电站的发展方向，重点推广分布式项目，同时严格限制地面电站的额度，其中一个重要考量就是避免行业非理性发展，出现大面积的限电问题。光伏限电问题已经在甘肃地区出现，2014年7月，国家能源局发布了《可再生能源发电并网驻点甘肃监管报告》，其中提出的六个方面问题就包括“电源、电网建设配套衔接不够”“存在弃风、弃光现象”“电网企业办理接入系统、并网验收工作不完善”等。根据甘肃省各发电企业弃风统计数据汇总，甘肃省2013年弃风电量约为31.02亿kW·h，占全国弃风电量的19.11%，弃风率约为20.65%；2013年弃光电量约为3.03亿kW·h，弃光率约为13.78%。值得注意的是，美国几乎没有弃风现象，风电年利用小时数很高。据美国能源部统计，2012年美国平均弃风率仅为2.7%。据统计，2000—2005年，美国风电场平均风电容量系数是30.3%；2006—2012年，美国风电场平均容量系数提高到了32.1%。许多新建风电场的年利用小时数都在3000h以上，相比之下，2013年中国风电平均年利用小时数仅为2074h，美国风电的年发电利用小时数比中国高45%。

（2）新能源消纳难、并网难背后的技术及体制因素。造成我国新能源消纳难、并网难，除了资源集中地区与电力消费地区不匹配的区域因素之外，还有技术因素和体制因素，它们也是造成这一问题的主要诱因。

目前尚缺乏技术、经济可行性较高的新能源储存及输送设施。建设高电压等级、远距离、大容量的外送通道，被认为是解决大规模新能源基地消纳问题的有效途径，但考虑到送出线路的利用效率，通道建设的经济性尚存疑问，且大规模新能源波动也会对受电端电网的安全运行带来影响。

解决新能源消纳问题最直接的方案是采用储能技术，目前技术比较成熟并得到大规模应用的是建设抽水蓄能电站，但该储能方案对水源和工程应用场地有特殊要求，不利于大面积推广；其他储能技术方案，如电池储能等，由于成本太高或效率较低，虽然有示范项目投运，但距离大规模电网储能的商业应用尚有较大的距离。国家在解决“弃风限电”问题上做了各种尝试，例如在限电比较严重的地区建设“弃风供热”项目，但由于项目投入与产出比例失调，技术、经济可行性较差而难以推广；有些地区采用风火替代交易的方式争取风电的上网电量，但利益补偿机制不透明，分配方案复杂，导致发电企业的积极性不高，效果未达预期。

利益关系没有理顺是造成新能源消纳难的体制因素。在当前电力体制下，对于发电企业来说，发电计划由电网公司制定，上网电价由物价部门核准，只要能够低成本按计划发电，就能保证企业的正常经营和发展。在新能源装机规模日益增长的环境中，新能源具有优先上网、调度的优势，火电企业往往被迫为新能源调峰，企业的利益得不到保证，形成“风火竞争”“光火竞争”的利益格局，尤其在能源需求放缓时，这一问题尤为突出。近年来，随着制造业转型去产能，工业用电量转为负增长，电力市场需求显著放缓，大量新能源电力要进入市场，意味着原有火电水电的份额要减少，风电与光电各处受限。无论是火电调峰还是风火替代、光火替代交易，都反映出当前新能源发展困境中的体制性因素。因此，新能源目前面临的发展困境与其说是新能源自身特性造成的，不如说是当前电力体制的弊端使然。

第4章

# 能源利用方式变革

## 4.1 能源结构变化特性

能源是指可产生各种能量（如热量、电能、光能和机械能等）或可做功的物质的统称，是指能够直接取得或者通过加工、转换而取得有用能的各种资源，包括煤炭、原油、天然气、煤层气、水能、核能、风能、太阳能、地热能、生物质能等一次能源和电力、热力、成品油等二次能源，以及其他新能源和可再生能源。截至2021年，全球煤炭、石油、天然气剩余探明可采储量分别为8915亿t、2382亿t和186万亿$m^3$，折合标准煤共计1.2万亿t。全球化石能源资源虽然储量大，但全球能源消费呈现总量和人均能源消费量持续“双增”态势。受世界人口增长、工业化、城镇化等诸多因素拉动，全球一次能源年消费总量从53.8亿t标准煤增长到181.9亿t标准煤，近50年时间增长了2.4倍，年均增长2.6%，正面临资源枯竭、污染排放严峻等现实问题。2021年全球一次能源消费结构如图4.1所示。

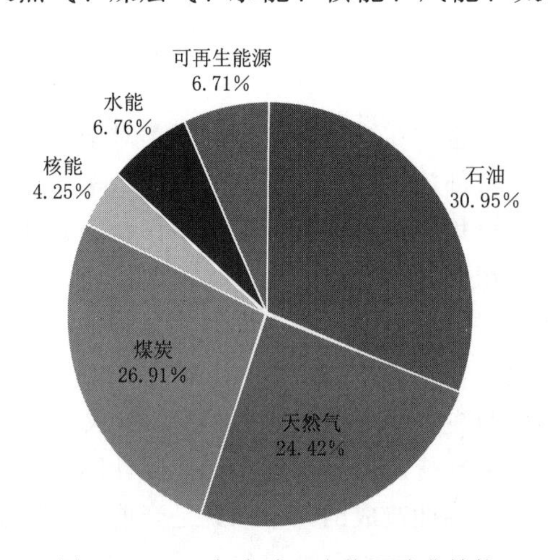


图4.1　2021年全球一次能源消费结构

按照当前世界平均开采强度计算，全球煤炭、石油和自然气分别可开采113年、53年和55年。而水能、风能、太阳能等清洁能源全球特别丰富，据估算，全球清洁能源每年的理论可开发量超过150000万亿kW·h，按照发电煤耗300g标准煤/(kW·h)计算，约合45万亿t标准煤，相当于全球化石能源剩余探明可采储量的38倍。

进入21世纪，风能、太阳能等清洁能源发展迅猛。2000—2021年，全球风电、太阳能发电装机容量分别由1793万kW、125万kW增长到3.2亿kW、1.4亿kW，分别增长了18倍和112倍，年均增长率分别达到24.8%和43.7%。因为核电、水电、太阳能发电和风电的发展，化石燃料在一次能源中的占比从1975年的95%降至2020年的85%。国际能源署预计，随着全球石油巨头向“能源公司”转型，以及电动汽车的发展和普及，化石燃料消耗将加速减少；到 2040 年，一次能源中化石燃料的占比将减少到 70%～75%。

全球各国一次能源消耗量的对比显示，中国已成为全球能源消耗最大的国家，其次是美国。同时，从全球石油天然气贸易量来看，中国已成为全球进口原油、天然气最多的国家。疫情和国际能源局势动荡之下，中国成了全球最大的经济引擎。2021 年全球部分国家能源消耗量如图 4.2 所示。

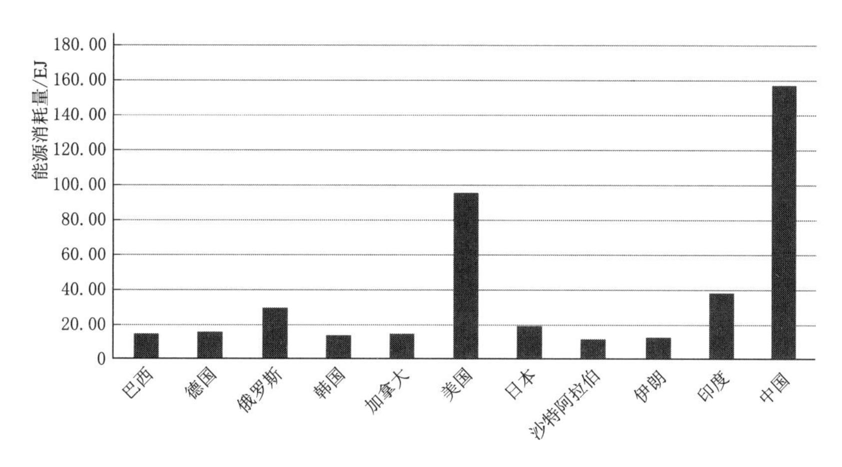


图 4.2　2021 年全球部分国家能源消耗量

2021 年，我国能源生产稳定增长，能源利用效率持续提升，能源消费结构进一步优化，终端用能电气化水平加快提高。2021 年，中国 GDP 为 1149237 亿元，按不变价格计算，比上年增长 8.4%。随着我国经济社会发展秩序持续稳定恢复，能源需求也呈逐步回升态势。2021 年，中国能源消费总量为 52.4 亿 t 标准煤，比上年增长 5.2%；煤炭消费量增长 4.6%，原油消费量增长 4.1%，天然气消费量增长 12.5%，电力消费量增长 10.3%。2016—2021 年我国能源消费总量以及煤炭消费量占比如图 4.3 所示。

由于中国为全球最大的煤炭消费国和温室气体排放国，近年来，我国煤炭消费量占能源消费总量的比重持续下降。2021 年，中国煤炭消费量占能源消费总量的 56.0%，比上年下降 0.9 个百分点。煤炭消费比重下降是大势所趋，降低煤炭消耗比重是实现“碳达峰、碳中和”的必由之路。伴随着多种新能源的不断发展，未来煤炭消费占比会进一步降低，煤炭消费量的减少也是指日可待的。

近年来，我国清洁能源产业不断发展壮大，清洁能源消费量占能源消费总量的比重持续增长。2021 年，天然气、水电、核电、风电、太阳能发电等清洁能源消费量占能源消费总量的 25.5%，上升 1.2 个百分点。我国清洁能源消费占能源消费总量的比重如图 4.4所示。

随着减排和环境保护形势的日益严峻，在新能源和智能化等技术进步和成本快速下降的推动下，全球能源沿着多元化、低碳化、分散化、数字化和全球化的方向加速转型，正在进入一个能源转型发展的时代。新的能源技术和新的商业模式将改变传统的能源供应模式，综合能源服务会逐步成为主流。新能源和天然气等清洁能源将满足未来大部分新增的能源需求，能源体系也将发生结构性的变化。低成本技术将成为未来能源科技发展的主

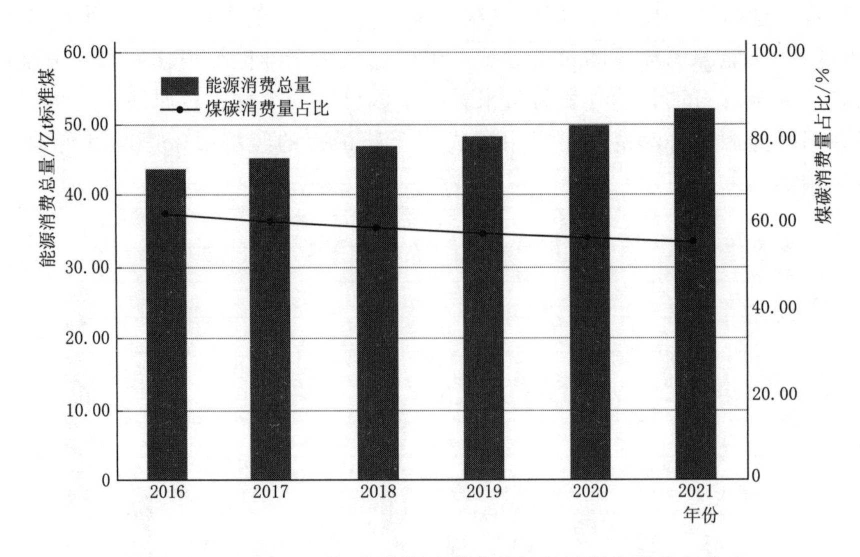


图 4.3 2016—2021 年我国能源消费总量以及煤炭消费量占比

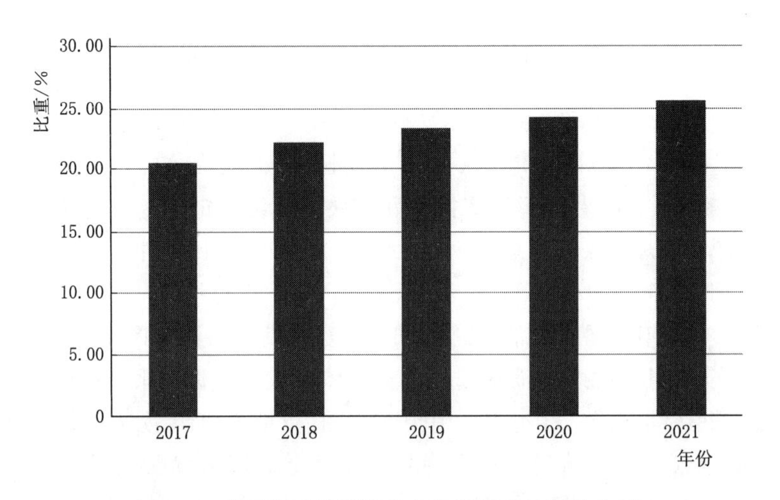


图 4.4 我国清洁能源消费占能源消费总量的比重

流，人工智能等信息技术将重塑能源未来。未来在油气、氢能、储能、核聚变能等领域都有可能出现颠覆性新技术，从而根本性地改变未来能源的图景。

## 4.2 用户负荷需求特性

对于负荷用户而言，从能源的角度来看，存在多种类型的能源形式。从负荷的角度来看，系统内部对能量需求也有不同的形式，存在冷、热、电能等多种能量负荷需求，呈现出极强的多元化特性。因此，负荷需求特性不再单一地以某种能量形式存在，而是冷、热、电能等多种形式同时平等存在，并呈现出各自独有的特性。

### 4.2.1 电力负荷特性

电力负荷是比较复杂而又常见的一类负荷，按行业和使用主体来划分，可分为工业、居民、商业、办公、农业等负荷形式。电力负荷的变化具有较强的瞬时性和连续性，对季节、温度、天气等外界因素具有很高的敏感度，不同季节、地区、气候，以及温度的变化均会对负荷造成明显的影响。不同类型的负荷在不同的时间尺度上，呈现出不同的变化规律。

（1）工业负荷。工业负荷用电量较大，且相对较稳定，在一天里不会发生很大的波动，可将其分为保温负荷和生产负荷。工业负荷随着生产线启停的切换而变化，其变化频率由生产班制决定。生产班制一般有两班制、三班制、四班制以及连续生产，生产负荷每天主要集中在 8：00—11：00 和 13：30—17：00 两个时间段内，因此这两个时间段也是工业电力日负荷的高峰时段。可见，保温负荷所占份额越大，生产负荷在一天里的使用时间越长，工业负荷的负荷率就越高。工业电力负荷特性不仅取决于工业用户的生产方式，而且与各行业的行业特点、季节因素都有着紧密的联系。一般工业负荷所占的份额在用电构成中处于首位，负荷率最高，短期内负荷总量比较稳定。

（2）居民负荷。居民负荷主要为家用电器，可分为连续用电负荷和非连续用电负荷。其中，连续用电负荷（如冰箱、保温电水壶等）类似于工业负荷中的保温负荷，几乎所有用户都有，但一般不会太大；非连续用电负荷（如照明灯、电视机、空调、厨房电器等）相当于工业负荷的生产负荷，每天的集中时间为 17：30—23：00，而在中午和傍晚煮食时间段则会出现两个小的高峰期。非连续用电负荷的大小和使用时间的长短因季节的不同而表现出一定的差异性，一般夏季负荷最大、时间最长，秋季次之，冬季第三，春季第四。整个居民电力负荷结构中，连续用电负荷所占份额越大，非连续使用负荷在一天里使用时间越长，居民负荷的负荷率就会越高，但其负荷量始终低于工业负荷量。总体而言，居民负荷具有明显的季节波动性，而且其特点还与居民的日常生活和工作的规律密切相关。随着生活水平的提高，居民负荷在电力负荷中所占的份额将会越来越大，仅次于工业负荷。

（3）商业负荷。商业负荷与工业负荷类似，可分为保温负荷和营业负荷。商业负荷中，保温负荷所占比例一般较小，对负荷率起到决定性作用的是营业负荷。营业负荷因行业的不同而表现出不同的特性，大致可分为销售、餐饮、娱乐、旅游业等几大类，它们在一天里的使用时间各不相同、各有特色：销售业负荷每天在开始营业后都比较平稳，到结束营业前一般不会有明显的峰谷特性；餐饮业负荷主要集中在中午和傍晚，与居民煮食负荷使用时间重叠；娱乐业负荷和旅游业负荷主要集中在晚上。总体而言，商业负荷的时间主要集中在 8：30—13：30 和 18：30—22：30 两个时间段。商业负荷同样具有季节性波动特点，并且与居民负荷波动同步。虽然商业负荷在电力负荷中所占份额不及工业负荷和居民负荷，负荷率比两者都低，但它的高峰时间段正好也是电力负荷的高峰时段，对电网负荷率的影响作用不容忽视。此外，商业行为在节假日会增加营业时间，使得商业负荷成为节假日中影响电力负荷的一个重要因素。

（4）办公负荷。办公负荷与工业负荷中的两班制生产负荷类似，每天在上班后都比较平稳，在下班之前一般不会出现明显的峰谷特性；而且每天的使用时间不会随季节变化，基本集中在8：00—12：00和14：00—17：30两个时间段内。办公负荷每天的使用时间大概只占全天的三分之一，并且在节假日基本停用，所以负荷率相对较低。但办公负荷又不同于两班制生产负荷，季节性波动明显，对温度和气候变化较为敏感。由于其一般只处于日间某时间段，故在电力负荷中所占比例较小，不占用电力系统晚间负荷高峰时段，恰好与商业负荷中的娱乐业和旅游业负荷高峰时间段错开，形成互补，对电网负荷率的影响较低。

（5）农业负荷。农业负荷受气候、季节等自然条件影响较大，同时受农作物种类、耕作习惯的影响。对电网而言，农业用电负荷集中运行时间与电力系统负荷高峰时段有差别，所以对提高电网负荷率有一定的好处。

### 4.2.2 热能负荷特性

热能负荷是制订供热规划和设计供热系统的重要依据，也是对供热系统进行技术经济分析的重要原始资料。供热系统作为城市基础设施的重要组成部分，在加强环境保护、提高经济性、减少能源浪费、保证供热质量、建设可持续发展的供热系统等多个方面，对城市集中供热系统提出了更新、更高的要求。在当前的技术水平下，热电联产成为燃料最为经济的利用方式之一，即将火力发电厂汽轮机发电后高温蒸汽抽出用于热能供给，对本应排至凝汽器放弃的蒸汽进行二次回收利用，使得火电厂的全厂热效率大幅提升。热电联产工程实际上是发电和集中供热两项工程的组合，在生产相同数量和质量的电与热的前提下，热电联产比单纯发电和集中供热的能耗之和要小，而这两者间的总能耗差值就成为热电联产在节能上的收益。从利用方式的角度看，可将热能负荷分为以下几类。

（1）采暖热负荷。采暖热负荷是指在冬季某一室外温度下，为达到要求的室内温度，供热系统在单位时间内向建筑物供给的热量。采暖设计热负荷是指当室外温度达到采暖室外计算温度时，为了达到上述要求的室内温度，供热系统在单位时间内向建筑物供给的热能量。

（2）通风热负荷。通风是为了满足室内空气要有一定的清洁度和温湿等要求，而对生产厂房、公共建筑以及居住建筑进行空气处理的过程。在供暖季节里，对从室外进入的新鲜空气进行加热所消耗的热量称为通风热负荷，是一种季节性热负荷。由于其使用情况和各班次工作状况不同，一般公共建筑和工业厂房的热通风热负荷在一昼夜内波动较大。普通住宅只有排气通风，不采用有组织的进气通风，其通风用热量包含在采暖热指标内，不另计算通风热负荷。

（3）生活热负荷。生活热负荷是指日常生活中，如洗脸、洗澡、洗衣服、洗涤器皿等用热水所消耗的热能量。热水供应的热负荷决定于热水耗量，住宅的热水耗量决定于住宅内卫生设备的完善程度和人们的生活习惯。公共建筑物，如公共浴室、公共食堂、医院、旅馆、理发室等，以及工业、企业的热水耗量，还与生产性质和工作制度有关。生活用热水供应热负荷，由于热水耗量随人们的需要在不断变化，因而其小时热负荷是极其不均匀的，但每一昼夜的热水耗量大体上可认为变化不大。

（4）生产热负荷。生产热负荷主要用于生产过程的加热、烘干、蒸煮、清洗等工艺，或以蒸汽为动力，拖动汽轮机、蒸汽机、蒸汽泵、蒸汽锤等动力机械所耗费的蒸汽量。生产热负荷属于全年性热负荷，在一年内，各个工作日的生产热负荷大致相同，与季节关系不大。但在一个昼夜内，其小时热负荷的变化较为明显。由于用热设备和用热方式繁多，生产工艺过程对热媒的要求各不相同，加之生产制度各异，因此，生产热负荷不能简单地用一个公式来表述，只能根据工业企业提供的实测数据来确定，或用单位产量的耗热量来对指标进行概算。

### 4.2.3 制冷负荷特性

通常，冷负荷主要指建筑室内的制冷负荷，为使室内温湿度维持在规定水平内，空调设备在单位时间内从室内排出的热能量。它与建筑内的得热量有时相等，有时不等。建筑物结构的蓄热特性对冷负荷与得热量之间的关系具有决定性作用。

制冷技术的应用非常广泛，从农业生产到日常生活，应用范围一般可分为三个温区：①低温区（−120℃以下），主要用于气体分离、气体液化、超导和宇航等；②中温区（−120～5℃），主要用于冷藏、冷冻、化工生产工艺过程，以及生化制品的生产等；③高温区（5～80℃），主要用于空调、除湿、热泵蒸发和热泵干燥等。

制冷应用主要表现为以下几个方面。

（1）冷藏。这方面的应用主要是指针对易腐食品的冷加工、冷藏及冷藏运输，以减少生产和非配送过程中的食品损耗，保证各个季节内食物供给和分配的合理性。制冷装置一般有冷库、冷藏汽车、冷藏船、冷藏列车、冷藏商品陈列柜、冷柜和家用冰箱等。

（2）空气调节。为满足人们生活和工作环境所需的舒适度，空调技术得到了很大的发展，例如宾馆、商场、剧院居民住宅、交通工具等处的空调设备，不仅有益于身心健康，而且可以提高工作和生产效率。为提高制冷效率，一般采用集中式空调系统供冷，制冷功率可达到几万千瓦，甚至几十万千瓦。

（3）除湿。高温生产车间、纺织厂、造纸厂、印刷厂、精密仪器车间、精密计量室等环境，除了须对温度进行调节外，对湿度也有较高的要求。通常采用冷冻除湿机进行除湿，以保证产品的质量，或机器、仪表的精度，或精密设备的正常特性。

（4）工业生产。工业生产中，借助于制冷可以带走化学反应过程中释放出的反应热。盐类结晶、天然气液化、储运也需要制冷。利用制冷技术可以对钢进行低温处理，改变其金相组织，提高钢的硬度和强度。在机器装配过程中，利用低温能方便地实现过盈配合。在钢铁工业中，高炉鼓风需要用制冷的方法先将其除湿，然后再送入高炉，以降低焦化比，保证铁水质量，一般大型高炉需要几千千瓦的冷量。

（5）建筑工程。利用制冷技术可以实现以冻土法采土方。在挖掘矿井、隧道和建造江河堤坝，或在泥沼、沙水处掘井时，采用冻土法可使工作面不坍塌，保证施工安全。拌和混凝土时，用冰代替水，借助冰的熔化热补偿水泥的固化反应热，可以制造出大型混凝土构件，有效地避免了大型构件因不能充分散热而产生内应力和裂缝等缺陷。

（6）国防工业。高寒条件下工作的发动机、汽车、坦克、大炮等常规武器的性能，在研制和生产过程中往往需要进行环境模拟试验；航空仪表、火箭、导弹中的控制仪器，也需要在地面模拟高空低温条件，对其进行性能测试。这些都需要利用制冷技术为其提供低温和低压环境等试验条件。

（7）医疗。除了低温保存疫苗、药品、血液及皮肤外，冷冻手术，如心脏、外科、肿瘤、白内障、扁桃腺的切除手术，皮肤和眼球的移植手术及低温麻醉等，均需要制冷技术。生物化学产品、药品需要利用真空冷冻干燥技术。

此外，电子技术、能源、新型原材料、宇宙开发、生物技术等尖端科学领域中，制冷技术也起着重要的作用。

## 4.3 供能系统结构特性

用户侧能源的供给不再是单一系统独立运行，而是多种能量流之间通过等效转化，从而实现多种能源共享利用，提升供能系统对能源的综合利用率和供能系统的功能可靠性。根据能量负荷和能量形式的不同，可将系统分为供电子系统、供热子系统以及制冷子系统。典型供能系统结构如图 4.5 所示。

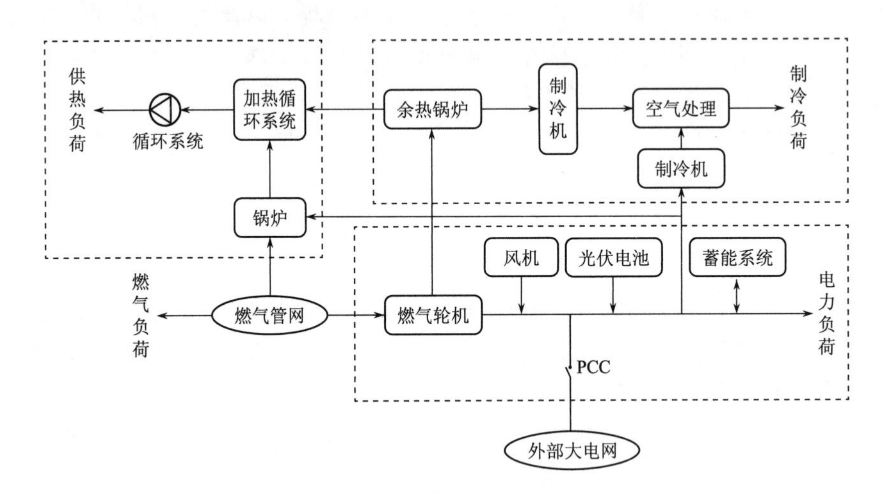


图 4.5 典型供能系统结构图

### 4.3.1 供电子系统

系统内部对电力负荷的能量供给，主要利用输电线路将能源和负荷之间形成互联，通过主隔离设备与外部大电网相连而实现的。内部接入的能源种类、负荷需求形式以及对电能质量等级的要求等因素，将会直接影响供电系统的系统结构。因此根据系统结构和供电形式，可将其分为交流供电系统、直流供电系统以及交直流混合供电系统3 种。

1. 交流供电系统

交流供电系统是目前供电系统采用的主要形式，并且多采用辐射状网架结构，典型结构图如图 4.6 所示。各类能源的接入与储能系统的应用均通过电力电子设备与交流母线相连；同时，通过公共连接点（Point of Common Coupling，PCC）处的隔离装置实现与外部大电网之间的互联，并与外部大电网之间进行能量交互。能源种类以及负荷侧对电能质量等级的要求，均会对系统结构有较大影响。因此，根据系统的大小以及供电安全可靠性，可将之分为系统级、商业级、乡村级三个等级。

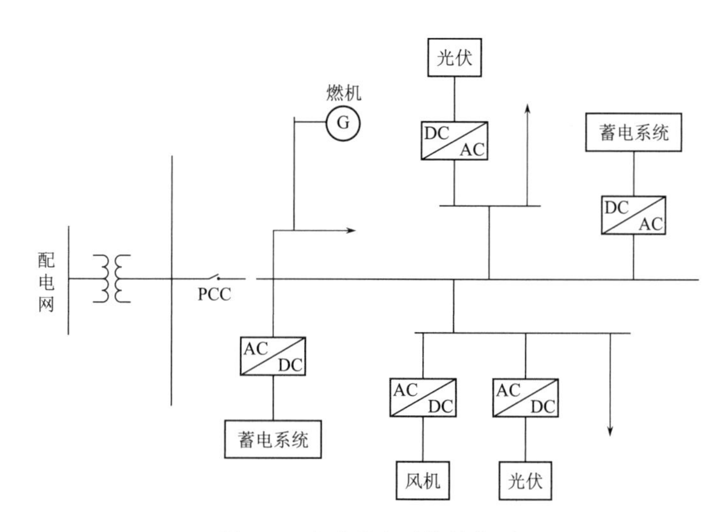


图 4.6 交流供电系统结构图

其中，系统级供电结构常用于能源较为丰富、负荷用户相对分散的区域。它需要考虑不同种类能源之间的相互影响，通过协调能源与负荷的运行状态来实现系统运行的高供电可靠性。该类供电系统安全运行需要借助大量的电力电子设备，因此控制和维护较为复杂，对技术的要求也较高。当该类供电系统中能源的装机容量远高于负荷需求容量，输入外部大电网的功率超过其准入容量的极限值时，将会对外部大电网的安全运行带来负面效应。另外，该类供电系统的网架结构规模较大，设备繁多，初期的投资成本较高，在很大程度上限制了该类供电系统的应用和推广。

商业级供电结构相对于系统级供电结构，具有更高的冗余度，可以容纳更大容量的可再生清洁能源，并通过多条线路同时向负荷区内的重要负荷和敏感负荷进行能量供给。极高的供能可靠性是商业级供电系统的最大特点，也成为其最大的优势；不仅能容纳更多种类的可再生清洁能源，而且能更大限度地降低系统对外部电网的不良影响。因此，此类供电结构常被用于对供电可靠性要求较高的负荷区域，如医院、学校、商业中心以及数字通信大楼等。系统运行的高可靠性要求势必导致更高的投资成本，因此对供电可靠性和电能质量要求较低的区域，通常不提倡采用此类网架结构。

乡村级供电结构一般用于地处相对偏远、对电能质量和供电可靠性要求较低的区域，通常与外部电网之间不存在能量交互。因此，此类供电结构采用简单易构的串并联形式，具有较高的经济性和易恢复性。此类系统在结构中预留了多个能源接入点，以应对未来内部负荷增长需求和应对突发事件对电能的需求。此外，系统需要一定容量作为备用，以提高系统的自愈能力。此类供电系统结构决定其缺少外部电网的支撑作用，因此对外部环境因素影响的抵抗力极弱，需要一定容量的热备用，以满足系统运行过程中用于对电压和频率的支撑。可见，在缺乏一定容量的旋转备用电源，且对电能质量要求较高的区域，不适用采用该类供电结构。

2. 直流供电系统

随着交流供电系统的发展和应用，其多种弊病逐渐暴露，如可再生清洁能源并网同步问题、含线圈设备的励磁涌流问题、三相不对称问题、控制系统较为复杂等，促进了直流供电系统的应用和发展，以实现高效、可靠、高电能质量等供电服务。直流供电系统的大规模发展，已经在电能质量多样化等多方面取得较大成就。根据负荷用户对电能需求的差异性，可将其分为辐射状直流供电系统和多环状直流供电系统。

（1）辐射状直流供电系统。辐射状直流供电系统通常采用串并联的形式，通过联络馈线和直流母线将多种能源与负荷用户之间形成互联，其结构如图 4.7 所示。

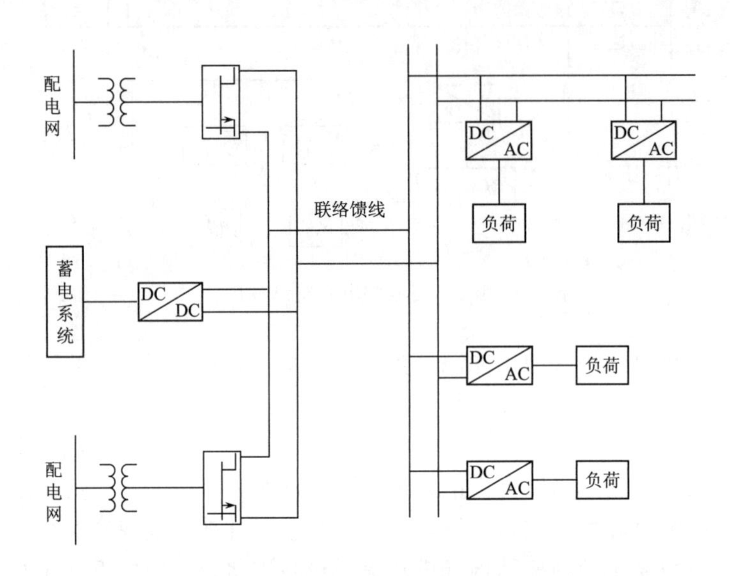


图 4.7　辐射状直流供电系统结构

与交流供电系统类似，在直流供电系统中，各类能源的接入、储能系统、负荷用户等之间均需借助大量的电力电子设备以并入直流母线，而能源与负荷之间采用联络馈线进行连接，最后直流网络馈线通过逆变设备装置与外部交流电网系统相连。针对不同电压等级的负荷需求，系统利用不同类型的电力电子变换装置分别对其供能，能源供能和负荷需求的波动可借助蓄能系统加以平衡。

辐射状直流供电系统中，负荷的接入是通过换流器装置直接并入直流馈线的，中间不需要变压器来实现多层电压等级的转换，因此，此类供电系统能够为用户提供更高质量的供电服务。同时，当系统中的负载单元出现过负荷运行状态时，并联环流装置彼此之间能够通过相互协调来降低该负荷对系统安全运行造成的不良影响。可见，辐射状直流供电系统适用于对供电可靠性较低，但对电能质量要求相对较高的供电区域。

（2）多环状直流供电系统。环状直流供电系统结构中存在多个供电回路，可向负荷用户提供多层次的电能质量，结构如图 4.8 所示。

能源与负荷均借助 DC/DC 变流器并入网络馈线，在交流供电侧的能源和负荷则通过 AC/DC 和 DC/AC 两类换流器接入网络系统。根据负荷侧对电能质量要求等级的不同而对其划分类别后，分别并入不同的直流环路。当环路出现故障时，环形馈线限流断路器可将其分为两段，通过解列的方式来减少负荷区的停电面积。

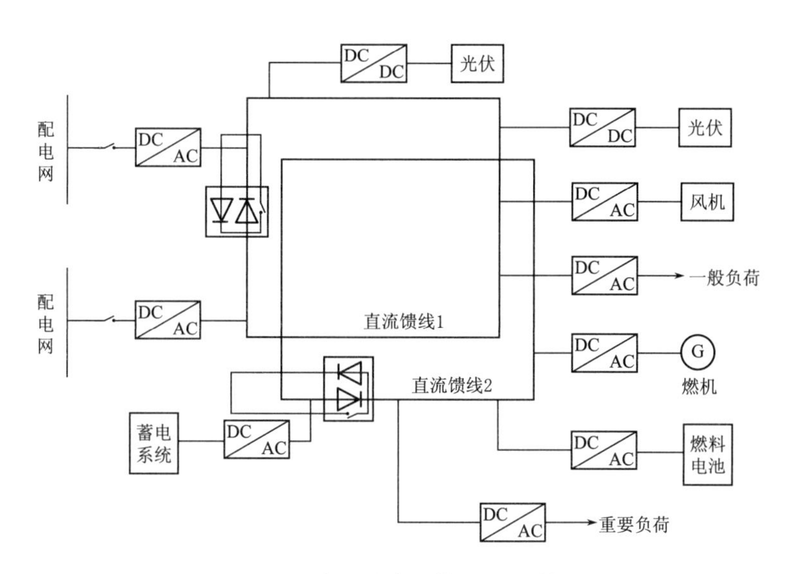


图 4.8　多环状直流供电系统结构

多环直流供电系统中，各类能源之间容易实现同步运行，因此，能源的并网运行电压由直流馈线的电压决定。环状直流供电系统适用于对电能质量要求较高和电压层次较多的区域，如综合性办公楼和多类工厂集聚区等。

3. 交直流混合供电系统

交直流混合供电系统中同时含有交流和直流两类供电母线，可以同时为交流负荷和直流负荷进行电能供给，结构如图 4.9 所示。

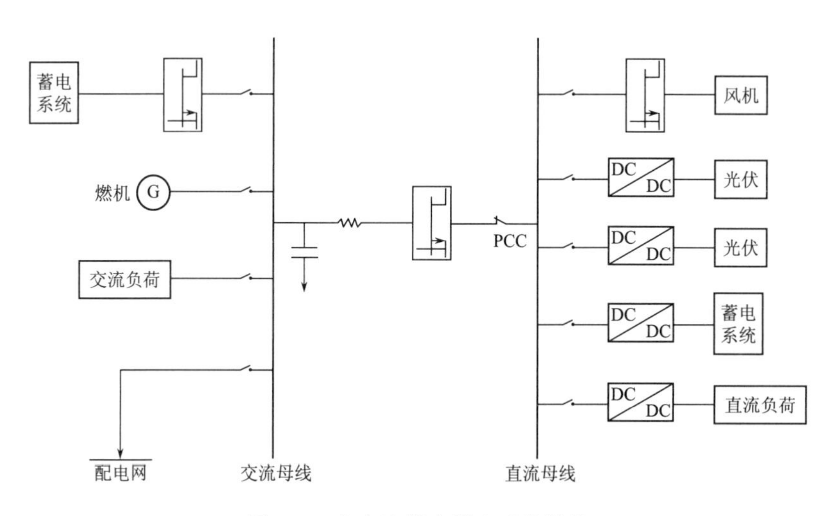


图 4.9　交直流混合供电系统结构

交直流混合供电系统中，交流系统和直流系统按各自需求组建原则分别构建供电系统，彼此之间采用相应的换流设备实现互联。其中，直流供电系统多采用并联的方式，内部能源的接入通过单向 DC/DC 设备升压后并入直流母线；直流蓄能系统则由双向

DC/DC设备并入供电系统，直流负荷用户同样借助单向DC/DC设备降压后与系统连接。风能的接入与利用则是通过整流器对电流形式进行转变后，再向直流负荷进行电能供给。交流系统结构与直流系统结构类似，各类能源与负荷采用并联的方式与交流母线连接。最终，供电系统通过交流母线经馈线与外部大电网实现互联。从整体系统结构来看，直流供电系统可看作为一个独立的电源，通过相应的电力电子设备与交流母线连接。因此，交直流混合供电系统可看做一个交流供电系统。

交直流混合供电系统与单纯的交流供电系统和直流供电系统相比较而言，具有更高的供电效率和灵活性，能够通过适当的控制策略应对多种复杂的突发情况。此外，系统的构建并未使用大量的换流器设备，有效地降低了电能在转化传递过程中造成的损耗，提高了系统的运行效率和能源的利用率。因此，交直流混合供电系统结构适用于交、直流电源和负荷比例相当，对供电可靠性及电能质量有较高要求的区域。但此类供电系统的运行控制系统、能量管理系统等比单纯的交流系统或直流系统更为复杂，对技术的要求更高，在一定程度上对此类供电系统的应用和发展造成了阻碍。

### 4.3.2 供热子系统

供热系统主要由热源、热网以及用户三部分组成。其中热源可由动力设备发电后的高温余热来提供，以动力设备为节点，将供热系统和供电系统形成互联，形成热电联产系统。根据传热媒介的不同，可分为蒸汽、热水和空气三种主要的供热方式。其中，以热水为媒介的供热系统具有热能利用率高、热损小、散热设备不易腐蚀、使用周期长、维护方便、运行安全、易于实现集中调节控制、适于远距离输送等特点，成为我国目前应用最为广泛的供热方式。在热水供热系统中，热水由热源加热后，通过供热管网的供水管道输送到各负荷点的散热器进行散热利用；水冷却后再沿着供热管网的回水管道返回热源，重新加热，如此不断循环，实现热能供给的连续性。热水供热系统根据供热管网可分为枝状管网供热系统和环状管网供热系统，结构分别如图4.10和图4.11所示。

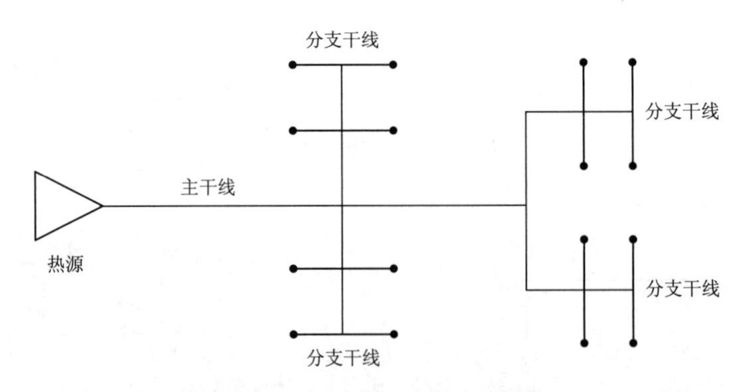


图4.10 枝状管网供热系统结构

对比两种供热系统的结构可知，枝状管网供热系统结构相对简单，随着负荷点与热源之间距离的增加，输送管道的直径逐渐缩小；管网金属耗量小，初期投资成本低，运行维护简单。但该类供热系统结构不具有后备供热性能，当管网出现突发故障时，从故障点开始及之后的用户将会完全失去热能供给。而环状管网供热系统结构以输配干线为基础，利

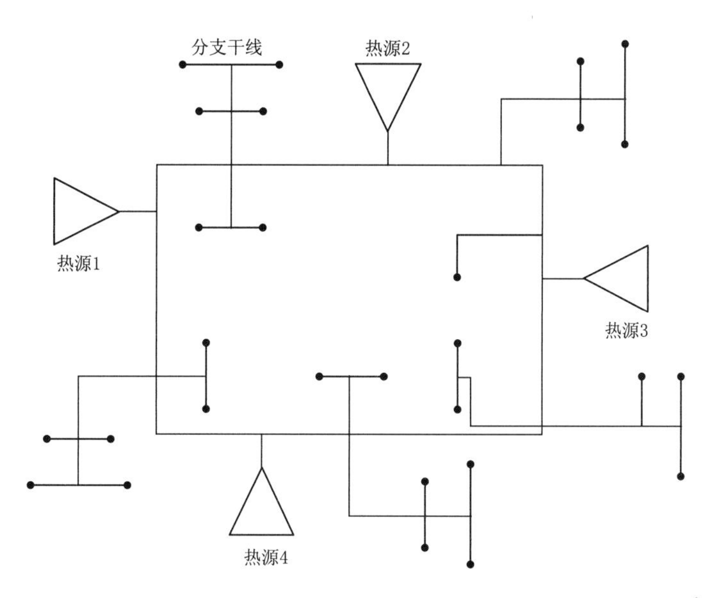


图 4.11　环状管网供热系统结构

用支干线从环线引出，再输送到各热能负荷点。此类供能系统中含有多个热源，具有较强的后备供热能力，在输配干线出现故障时，可将故障段切除，借助环状管网中的其他热源来实现热能补给，具有更高的供能可靠性。

热水供热系统的热能供给主要采用封闭式和开放式两种形式。其中，封闭式热水供热系统中的热水仅仅用于热能的传递和供给，不将管网中的循环热水提取利用。开放式热水供热系统则不同，供热管网中的热水除了为热能负荷用户提供热能外，部分或全部会被提取用于生产或者热水供给。开放式热水供热系统相对于封闭式热水供热系统而言，用户设备简单、投资小、管路系统不易结垢、使用寿命长，但供能管网中所需的热水量较大，水处理成本较高。因此，供能方式的选取需要根据系统的用水量、系统投资成本及运行管理费用等因素进行综合判定。

### 4.3.3　制冷子系统

制冷系统主要由制冷机、输送管道、用户三部分构成。在整个制冷循环系统中，制冷机是制冷循环的核心部分，起着压缩和输送制冷量的作用。根据制冷机制冷方式的不同，可分为蒸汽式、喷气式、吸收式、吸附式四种制冷系统，它们的主要区别在于制冷液的气化升压方式不同。在多能源互联共享系统中，制冷机主要以热力驱动制冷机工作，对动力设备发电后的高温尾气进行了充分的利用。以动力设备为核心，实现供电系统与制冷系统的互联，形成冷热电联供系统，可提高系统对能源的综合利用率。根据制冷方式的不同，制冷系统可分为集中式和分散式两种。

（1）集中式制冷系统。集中式制冷是指在供能系统结构中，制冷所需的主要机器和设备装设于特定的机房内，通过回气和供液管道使不同类型负荷单元侧的冷却设备实现互联，一套制冷设备可以同时满足加工、冷藏及制冰等多种制冷负荷需求，用于满足用户的不同需求，结构如图 4.12 所示。

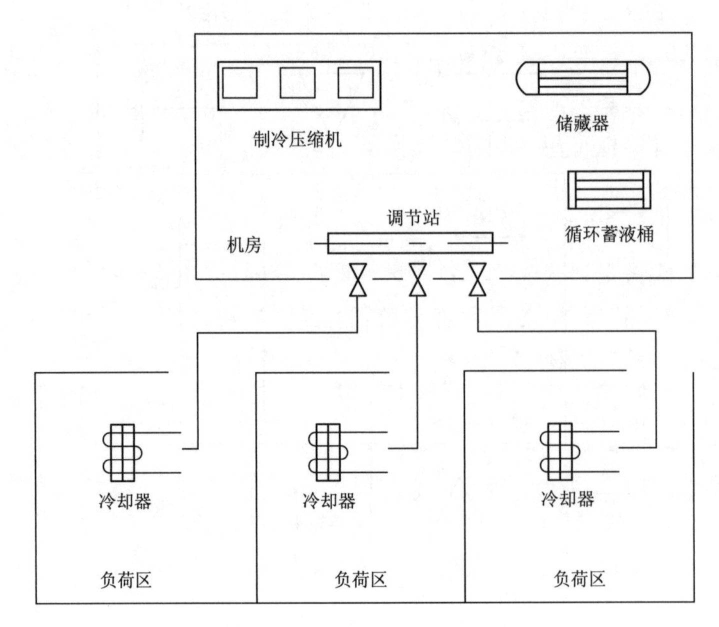


图 4.12 集中式制冷系统结构

集中式制冷系统属于大型制冷系统，系统的建设和运行需要专门的机房，制冷工艺设计过程较为复杂，建设周期长，系统建设费用较高，制冷效率受系统自身设计、安装技术、管理操作以及负荷波动等多重因素的影响。此外，系统装机容量较高，当负荷需求量较低时，容易出现“大马拉小车”的现象，从而造成系统设备利用不足，以及能源浪费。

(2) 分散式制冷系统。分散式制冷又可分为分体型和组合型。其中，分体型分散式供冷方式是将制冷压缩冷凝机装设于负荷区外，通过制冷管道将负荷区内的冷却设备进行互联，结构如图 4.13 所示。

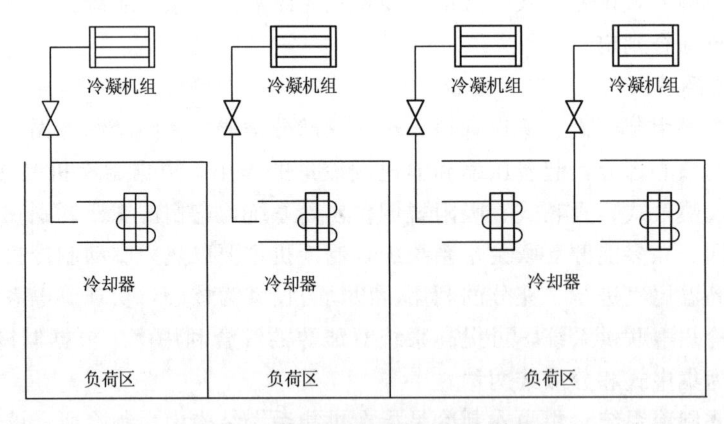


图 4.13 分体型分散式制冷系统结构

组合型分散式制冷系统是将制冷压缩机、冷凝器、节流阀、冷却器（蒸发器）以及必要的附属设备进行组合封装，形成一套紧凑、高效、具有全自动性能的制冷压缩冷却机组，结构如图 4.14 所示。

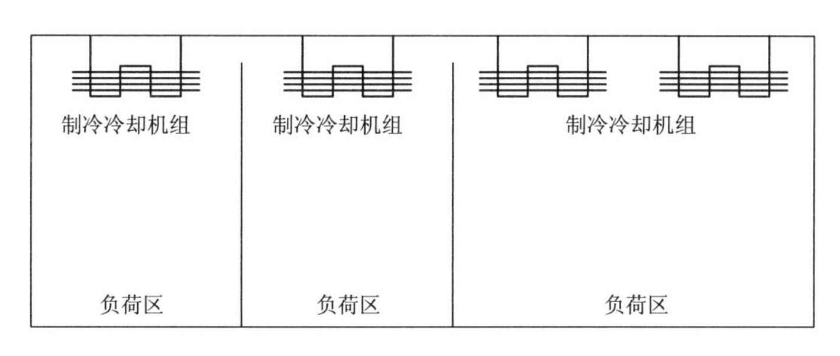


图 4.14　组合型分散式制冷系统结构

分散式制冷系统属于小型制冷系统，机组单元体积较小，工艺设计简单，不需要专门的机房，节约系统构建面积；制冷设备相对较多，会增加系统的建设投入成本。此类系统自控程度较高，自适应能力强，可满足不同等级负荷需求，系统运行维护简单，故障容易处理。

## 4.4　能源等效转化机制

能源是指能够提供能量的资源。能量通常指热能、电能、光能、机械能、化学能等。能源即可以为人类提供动能、机械能等能量的物质。能源按来源可分为以下三大类。

（1）来自太阳的能量。它包括直接来自太阳的能量（如太阳光热辐射能）和间接来自太阳的能量（如煤炭、石油、天然气、油页岩等可燃矿物及薪材等生物质能、水能和风能等）。

（2）来自地球本身的能量。一种是地球内部蕴藏的地热能，如地下热水、地下蒸汽、干热岩体；另一种是地壳内铀、钍等核燃料蕴藏的原子核能。

（3）月球和太阳等天体对地球的引力产生的能量，如潮汐能。

不同能源可以互相转化。在一次能源中，风、水、洋流和波浪等是以机械能（动能和位能）的形式提供的，可以利用各种风力机械（如风力机）和水力机械（如水轮机）转换为动力或电力。煤、石油和天然气等常规能源一般通过燃烧将化学能转化为热能。热能可以直接利用，而大量的热能通过各种类型的热力机械（如内燃机、汽轮机和燃气轮机等）转换为动力，带动各类机器和交通运输工具工作，或是带动发电机输出电力，满足人们生活和工农业生产的需要。发电和交通运输需要的能源占能量总消费量的比例很大。据统计，20 世纪末仅发电一项的能源需要量便大于一次能源开发量的 40%。一次能源中转化为电力部分的比例越大，表明电气化程度越高，生产力越先进，生活水平越高。

## 4.5　能源多级利用模式

能源的转化、传递以及利用过程，均以能量的形式进行。根据负荷侧对能量形式需求的不同，能源须经过多重转化，最终形成与负荷侧能量需求相匹配的能量形式。可见，不同能质能量之间的等效转化作用能够将原本相互独立的供能系统实现联合，最终形成一个多能源互联共享系统。多能源互联共享系统结构如图4.15所示。

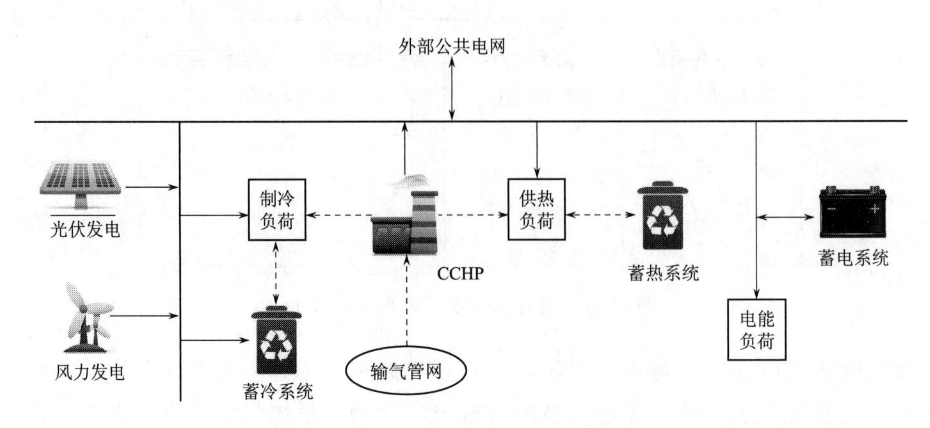


图4.15 多能源互联共享系统结构

以天然气为例，相对于风能、太阳能而言，天然气依旧是一种化石能源；相对于传统化石能源煤炭和石油而言，它又是一种高效、清洁的能源。当前对天然气的利用，主要通过构建冷、热、电联供系统（Combined Cooling Heating and Power，CCHP）对其进行梯级利用，即将原先相对独立的供电、制冷和供热系统，通过能量之间的等效转化替代进行互联，从而对冷、热、电能等多种负荷需求实现能量的综合供给。这样有效提高了系统对能源的综合利用效率，降低了系统的综合运行成本。燃料的联供系统结构如图4.16所示。

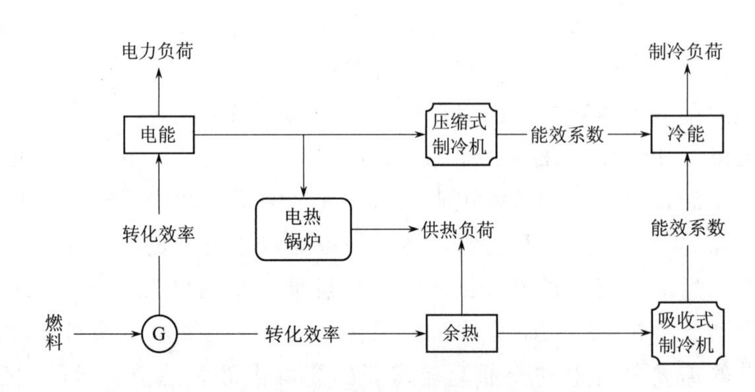


图4.16 燃料的联供系统结构

燃气的多级转化传递利用模式可表示如下。

(1) 发电过程。计算公式为

$$P_{gt}(t)=Q_{gt}(t)\eta_{gt} \tag{4.1}$$

式中 $P_{gt}(t)$——电能输出量；

$Q_{gt}(t)$——燃机耗能量；

$\eta_{gt}$——燃气发电机对电能的转化效率。

（2）制冷过程。计算公式为

$$P_{ch}(t)=\frac{P_{cooling}(t)}{COP} \tag{4.2}$$

式中 $P_{ch}(t)$——制冷机制冷耗热量；

$P_{cooling}(t)$——制冷机制冷输出量；

$COP$——余热制冷机制冷性能系数。

（3）供热过程。计算公式为

$$P_{hc}(t)=\frac{P_{heating}(t)}{\eta_{hc}} \tag{4.3}$$

式中 $P_{hc}(t)$——供热耗热量；

$P_{heating}(t)$——供热输出量；

$\eta_{hc}$——供热系统的制热效率。

联供系统总能耗量可表示为

$$V_{gas}(t)=\frac{\sum_{t=1}^{T}P_{gt}(t)\Delta t}{\eta_{gt}Z_{gas}} \tag{4.4}$$

式中 $V_{gas}(t)$——燃气耗量；

$Z_{gas}$——燃气标准热值；

$\Delta t$——单位时间间隔。

联供系统的优势在于可以通过不同能质能量之间的等效转化机制，实现能源的多样化利用；提高系统对能源的综合利用率，降低系统能耗量，实现能源的可持续发展；减少污染物排放量，起到保护环境的作用；最终降低系统的综合运营成本，实现系统的经济性运行等。

## 4.6 能源多元利用模式

能源的利用过程是一个复杂的能量转化传递过程，需要根据负荷需求的不同，最终转化为相应的能量形式。在整个转化过程中，不同转化阶段能量在能质方面表现出不同，彼此之间存在多重等效转化关系，可将原有的单一的供能方式转变为全方位、立体式的供能结构。根据现有典型的负荷需求，能量之间的动态等效转化关系主要如下。

（1）热能对电能等效转化。热能对电能的等效转化，是将热能转化为机械能，再转化为电能的多阶段梯级转化过程。由于能量在整个传递过程中经历了多次梯级转化过程，因此能耗量与电能有功输出量是一个非线性关系。根据实际工况运行数据，通过拟合可得到热能与电能输出量之间的转化关系及其性能系数。

$$\begin{cases}P_{gt}(t)=Q_{te}(t)\eta_{gt}(t)\\ \eta_{gt}(t)=A_1e^{-\frac{P_{gt}(t)}{w_1}}+A_2e^{-\frac{P_{gt}(t)}{w_2}}+A_0\end{cases} \tag{4.5}$$

式中 $P_{gt}(t)$——电能有功输出功率；

$Q_{te}(t)$——所耗热功率；

$\eta_{gt}(t)$——电能转化性能系数；

$\overline{P_{gt}(t)}$——电功率折合功率；

$A_i(i=0,1,2)$、$w_i(i=1,2)$——性能参数相对应的拟合参数。

燃气机发电效率拟合结果如图4.17所示。

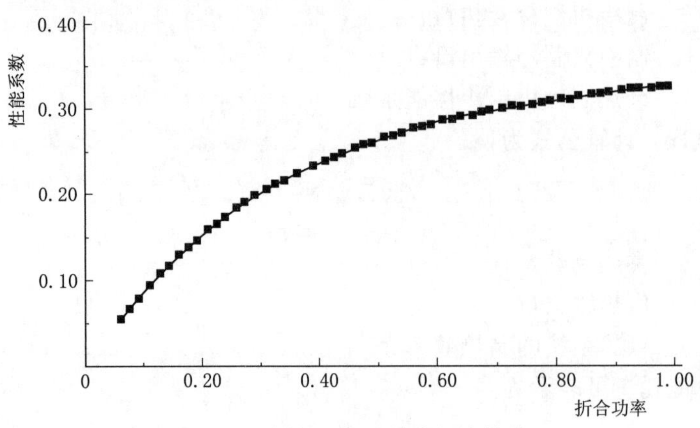


图4.17 燃气机发电效率拟合结果

(2) 电能对冷能等效转化。电能对冷能的转化，是一个从“高品质”能量向“低品质”能量形式的转变过程，性能系数相对较高。根据制冷机运行工况的不同，耗电功率与制冷输出功率以及性能系数之间的关联关系可表示为

$$\begin{cases} P_{ce}(t)=P_{ec}(t)COP_{rc}(t) \\ COP_{rc}(t)=A_1+\dfrac{A_1-A_2}{1+e^{\frac{\overline{P_{ce}(t)}-A_3}{w}}} \end{cases} \tag{4.6}$$

式中 $P_{ce}(t)$——电制冷输出功率；

$P_{ec}(t)$——制冷所耗电功率；

$COP_{rc}(t)$——电制冷性能系数；

$\overline{P_{ce}(t)}$——制冷功率的折合功率；

$A_i(i=1,2,3)$、$w$——性能参数相对应的拟合参数。

电制冷性能系数拟合结果如图4.18所示。

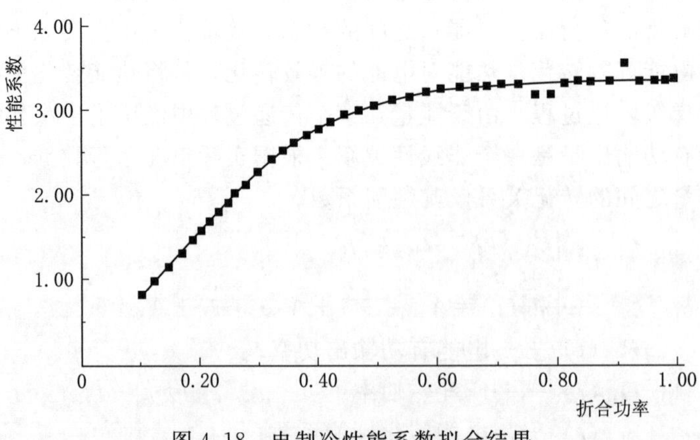


图4.18 电制冷性能系数拟合结果

$$\begin{cases} P_{ch}(t)=Q_{ch}(t)COP_{ar}(t) \\ COP_{ar}(t)=A_1 e^{-\frac{\overline{P_{ch}(t)}}{w_1}}+A_2 e^{-\frac{\overline{P_{ch}(t)}}{w_2}}+A_3 e^{-\frac{\overline{P_{ch}(t)}}{w_3}}+A_0 \end{cases} \tag{4.7}$$

式中 $P_{ch}(t)$ ——热制冷输出功率；

$Q_{ch}(t)$ ——制冷所耗热能功率；

$COP_{ar}(t)$ ——热能制冷性能系数；

$\overline{P_{ch}(t)}$——热制冷功率的折合功率；

$A_i(i=0,1,2,3)$、$w_i(i=1,2,3)$——性能参数相对应的拟合参数。

热制冷性能系数拟合结果如图 4.19 所示。

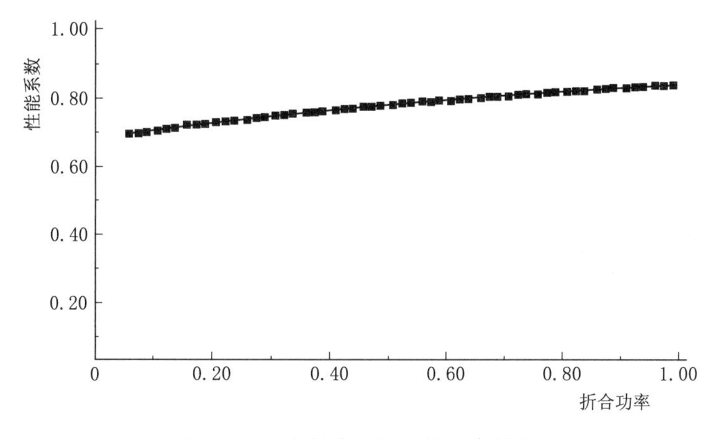


图 4.19 热制冷性能系数拟合结果

通过分析不同能源的特性，构建多能源协同动态等效转化利用模型，可实现系统对能源的多样化利用以及负荷侧对多种能源的共享利用。综合考虑负荷需求特性以及供能价格对能源利用方式的影响，以能源利用率最大化和系统运行成本最低为目标建立多目标优化模型；利用量子行为粒子群优化算法对其进行求解，提出适用于不同类型能源的最佳转化利用方案，实现多种能源的协同调度。通过算例，并与传统用能模式进行了对比分析，结果表明，所提能源利用方案能够极大地提高系统内部对能源的综合利用率，降低与外部供能系统之间的能源交互量，有效提高系统运行的综合经济性。

# 第5章

# 能源网络结构变革

## 5.1 微电网技术

### 5.1.1 基本概念

微电网被看成是电力系统中继输电网、配电网之后的第三级电网结构，已成为世界各国的国家能源战略和电网发展战略的重要组成部分。微电网的概念提出于21世纪初期，它通过建立一种全新的概念，使用系统的方法解决风电和光伏等间歇性分布式电源并网带来的各种问题。微电网系统是一种具有非常独特和复杂动态特性的新型自治发供电系统，在运行模式、网络拓扑结构、电源配置、控制策略和运行优化等方面与传统电力系统相比都具有非常大的差异性。本书以系统视角进行研究，概括了微电网典型特征、关键技术以及发展现状，希望为我国微电网技术研究与应用推广提供一种有益的方法。微电网示意图如图5.1所示。

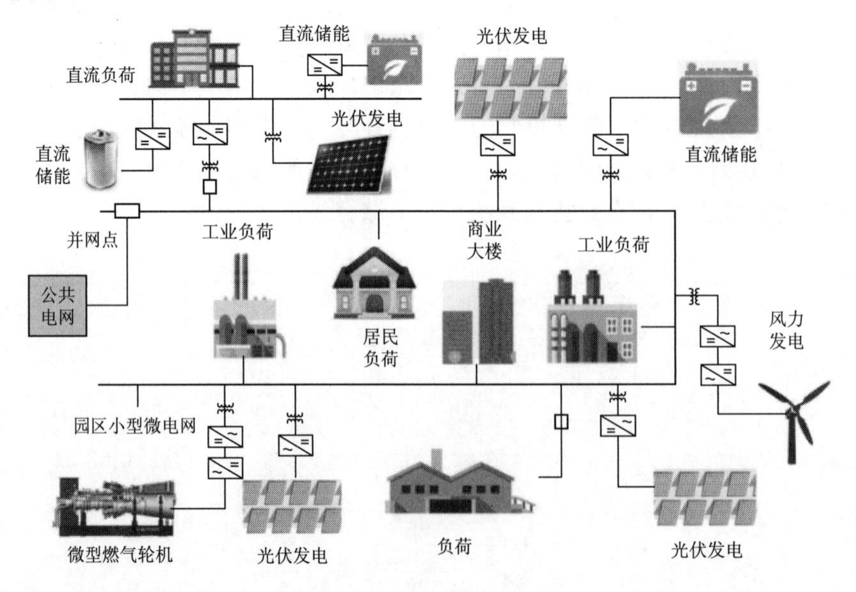


图5.1 微电网示意图

### 5.1.2 典型特征

微电网系统由于包含数量众多、特性各异的多种分布式电源而成为一个大规模、非线性、多约束和多时间的多维度复杂系统，具有复杂性、非线性、适应性、开放性、空间层次性、组织性和自组织性、动态演化性等复杂系统特征，属于一类变量众多、运行机制复杂、不确定性因素作用显著的特殊的复杂巨系统。因此，开展微电网技术研究与开发应用，首先应对其典型特征有全面的认识和掌握。

微电网的构造理念是将分布式电源靠近用户侧进行配置供电，输电距离相对较短，其负荷特性、分布式电源的布局以及电能质量要求等各种因素决定了微电网在容量规模及电压等级、结构模式和控制模式等主要方面呈现有别于传统电力系统的典型特征。

(1) 容量规模及电压等级。微电网的容量规模相对较小，电压等级常为低压或者中压。

(2) 结构模式。微电网按照供电制式可分为交流、直流和交直流混合三种不同结构，技术最成熟，应用最广泛的是交流微电网结构。

(3) 控制模式。微电网主要有对等控制模式和主从控制模式两种，主从控制模式仍是目前国内外微电网实验系统与示范工程的主流。

### 5.1.3 关键技术

微电网系统具有非常复杂的动态运行特性和能量管理问题，这导致微电网系统的协调运行与控制机制十分复杂。为了有效协调控制各分布式电源，以保证系统安全稳定、经济可靠运行，须以系统的视角对微电网的规划设计、微电网的运行控制、微电网的保护及微电网的经济运行等关键技术进行研究。

(1) 微电网的规划设计。这是研究开发微电网系统的第一阶段内容，是保证系统安全稳定、经济可靠运行的重要基础，其目的是在满足系统稳定运行和所辖负荷需求的条件下，通过优化选择系统结构及电源配置，以满足微电网系统在规划期间的安全稳定运行实现最小化的系统投资成本目标。微电网规划设计主要涵盖了具有能源互补特性的多种混合分布式电源组合类型、分布式电源的选型、运行方式、优化目标、运行策略与约束条件、优化算法以及系统网络结构设计等关键内容。

(2) 微电网的运行控制。这是保证微电网系统安全稳定、经济可靠运行的关键技术，是实现单元级的分布式电源控制和系统级的微电网控制两个不同层面间的协调协作优化。微电网的运行控制技术主要包括微电网的运行控制模式、运行控制策略、各分布式电源的控制方法（包含逆变控制）以及多分布式电源间的协调控制方法等关键内容。

(3) 微电网的保护。这是指当微电网发生故障时能够快速识别、定位及切除故障并恢复系统安全稳定运行的一种关键技术。并网运行模式的故障主要体现为微电网外部故障与内部故障，根据不同的故障位置选取相应的故障保护策略以排除故障。离网运行模式的故障主要体现为电源故障与馈线故障，可采用电源保护或馈线保护的方法排除故障。

(4) 微电网的经济运行。这是保证微电网系统经济效益和环境效益的第三阶段关键技术，也是检验微电网规划设计与控制方案优劣的最终体现。微电网的经济运行优化问题应充分考虑微电网的运行方式、优化调度目标、经济效益和环境效益、优化算法、优化调度策略以及运行约束条件等重要因素，进而在满足负荷供电质量和供电可靠性的基础上切实做到最大化利用可再生能源、减少温室气体排放和降低系统电力成本。

### 5.1.4 发展现状

1. 微电网在美国的发展

美国电力可靠性技术解决方案协会（CERTS）最早提出了微电网的概念，并且是众多微电网概念中最权威的一个。CERTS 提出的微电网主要由基于电力电子技术且容量不大于 500kW 的小型微电源与负荷构成，并引入了基于电力电子技术的控制方法。电力电子技术是 CERTS 微电网实现智能、灵活控制的重要支撑，CERTS 微电网正是基于此形成了“即插即用”（Plug and Play）与“对等”（Peer and Peer）的控制思想和设计理念。CERTS 对其微电网的主要思想及关键问题进行了描述和总结，系统地概括了微电网的定义、结构、控制、保护及效益分析等一系列问题。目前，CERTS 微电网的初步理论研究成果已在实验室微电网平台上成功得到了检验。由美国北部电力系统承建的 MadRiver 微电网是美国第一个微电网示范工程，学者们希望通过该工程进一步加深对微电网的理解，检验微电网的建模和仿真方法、保护和控制策略以及经济效益等，并初步形成关于微电网的管理政策和法规等，为将来的微电网工程建立框架。

美国的微电网工程得到了美国能源部的高度重视。2003 年，布什总统提出了“电网现代化”（Grid Modernization）的目标。指出要将信息技术、通信技术等广泛引入电力系统，实现电网的智能化。在最后出台的 Grid2030 发展战略中，美国能源部制定了美国电力系统未来几十年的研究与发展规划，微电网是其重要组成部分之一。在 2006 年的美国微电网会议上，美国能源部对其今后的微电网发展计划进行了详细剖析。从美国电网现代化角度来看，提高重要负荷的供电可靠性、满足用户定制的多种电能质量需求并降低成本、实现智能化将是美国微电网的发展重点。CERTS 微电网中电力电子装置与众多新能源的使用与控制，为可再生能源潜能的充分发挥及稳定、控制等问题的解决提供了新的思路。

2. 微电网在日本的发展

日本立足于国内能源日益紧缺、负荷日益增长的现实背景，也展开了微电网研究，但其发展目标主要定位于能源供给多样化、减少污染、满足用户的个性化电力需求。日本三菱公司将微电网从规模上分为三类，详见表 5.1。

**表 5.1　日本三菱公司微电网规模分类**

| 类　型 | 发电容量/MW | 燃　料 | 应用场合 |
|---|---|---|---|
| 大规模 | 1000.00 | 石油或煤 | 工业区 |
| 中规模 | 100.00 | 石油或煤，可再生能源 | 工业区 |
| 小规模 | 10.00 | 可再生能源 | 小型区域电网，住宅楼 |

从表 5.1 中可看出，以传统电源供电的独立电力系统也被纳入微电网研究范畴，这大大扩展了美国 CERTS 对微电网的定义范围。基于该框架，目前日本已在其国内建立了多个微电网工程。此外，日本学者还提出了灵活可靠性和智能能量供给系统，其主要思想是在配电网中加入一些灵活交流输电系统（FACTS）装置，利用 FACTS 控制器快速、灵活地控制性能，实现对配电网能源结构的优化，并满足用户的多种电能质量需求。目前，日本已将该系统作为其微电网的重要实现形式之一。

多年来，新能源利用一直是日本的发展重点。为此，日本还专门成立了新能源与工业技术发展组织（NEDO）统一协调国内高校、企业与国家重点实验室对新能源及其应用的研究。NEDO 在微电网研究方面已取得了很多成果。日本对微电网定义的拓宽以及在此基础上进行的控制、能源利用等研究，为小型配电系统及基于传统电源的较大规模独立系统提供了广阔的发展空间。

3. 微电网在欧洲以及其他各国的发展

从电力市场需求、电能安全供给及环保等角度出发，欧洲于 2005 年提出“聪明电网”计划，并在 2006 年出台该计划的技术实现方略。作为欧洲 2020 年及后续的电力发展目标，该计划指出未来欧洲电网须具备以下特点。

（1）灵活性。在适应未来电网变化与挑战的同时，满足用户多样化的需求。

（2）可接入性。使所有用户都可接入电网，尤其是对用户推广可再生、高效、清洁能源的利用。

（3）可靠性。提高电力供应的可靠性与安全性，以满足数字化时代的电力需求。

（4）经济性。通过技术创新、能源有效管理、有序市场竞争及相关政策等提高电网的经济效益。

基于上述特点，欧洲提出要充分利用分布式能源、智能技术、先进电力电子技术等，实现集中供电与分布式发电的高效、紧密结合，并积极鼓励社会各界广泛参与电力市场，共同推进电网发展。微电网以其智能性、能量利用多元化等特点，也成为欧洲未来电网的重要组成部分。欧盟资助的第 6 个框架计划——2002—2006 年名为 *Advanced Architectures and Control Concepts for MOREMICROGRIDS* 的项目，对微电网的设计进行进一步细化，要求微电网具有灵活可变的多种拓扑连接方式，以便在多种运行状态下，实现可靠性、经济性和供电电能质量的综合最优。

目前，欧洲已初步形成了微电网的运行、控制、保护、安全及通信等理论，并在实验室微电网平台上对这些理论进行了验证。其后续任务将集中于研究更加先进的控制策略、制定相应的标准、建立示范工程等，为分布式电源与可再生能源的大规模接入及传统电网向智能电网的初步过渡做准备。

除美国、日本、欧洲外，加拿大、澳大利亚等国也展开了微电网研究。从各国对未来电网的发展战略和对微电网技术的研究与应用中可清楚地看出，微电网的形成与发展绝不是对传统集中式、大规模电网的革命与挑战，而是代表着电力行业服务意识、能源利用意识、环保意识的一种提高与改变。微电网是未来电网实现高效、环保、优质供电的一个重要手段，是对大电网的有益补充。国外几家实验室的微电网研究对比见表 5.2。

**表 5.2　国外几家实验室的微电网研究对比**

| 研究机构 | 建立时间 | 系统容量 | 电压等级 | 能源 |
|---|---|---|---|---|
| 芬兰工业大学 | 2005 年 | 96.00kW | 400.00V | 太阳能电池、蓄电池 |
| 希腊雅典工业大学 | 2002 年 | 80.00kW | 400.00V | 燃料机、太阳能电池 |
| 欧盟微电网实验室 | 2002 年 | 210.00kW | 400.00V | 燃料电池、燃料机 |
| 加拿大多伦多大学 | 2005 年 | 7.50MW | 13.80kV/480.00V | 柴油机 |

4. 微电网在我国的发展

分布式发电在电力系统中所占的份额还比较小，但是随着电力负荷的快速增长、电力市场的推行，以及分布式发电技术和电力电子技术的发展，分布式发电在未来十年内将会有实质性的发展，主要体现在以下几个方面。

（1）为城市配电网的工业、商业、企事业以及居民等用户提供电力。主要发电形式为小型燃气轮机、燃料电池以及太阳能发电等。

（2）为农业、山区、牧区以及偏远用户提供电力。主要发电形式为小型燃气轮机、风力发电、化学能发电以及太阳能发电等。

（3）用于能源的综合利用。在城市主要表现在为居民小区、商用楼宇等提供制冷、供热以及供电等综合的能源解决方案；在农村主要表现在为住户建立废物处理利用、供气以及供电等生态能源循环体系。

（4）利用分布式发电启动快、分布广、发电调节容易等特点，为电力系统的紧急控制提供后备容量以及事故后的支撑点和启动点，通过分布式电源与大电网的相互补充、协调，能够有效地提高系统的鲁棒性。

中国尚未提出明确的微电网概念，但微电网的特点适应中国电力发展的需求与方向，在中国有着广阔的发展前景，具体体现在以下几个方面。

（1）微电网是中国发展可再生能源的有效形式。“十一五”规划已将积极推动和鼓励可再生能源的发展作为中国的重点发展战略之一。一方面，充分利用可再生能源发电对于中国调整能源结构、保护环境、开发西部、解决农村用能及边远区用电、进行生态建设等均具有重要意义；另一方面，中国可再生能源的发展潜力巨大，据专家估计，中国新能源和可再生能源的可获得量每年达7.3亿t标准煤，而现在每年的开发量不足4000万t标准煤。中国制定的2020年可再生能源发展目标也已将可再生能源发电的装机容量定位为100GW。然而，可再生能源容量小、功率不稳定、独立向负荷提供可靠供电的能力不强以及对电网造成波动、影响系统安全稳定的缺点将是其发展的极大障碍。如前所述，若能将负荷点附近的分布式能源发电技术、储能及电力电子控制技术等很好地结合起来构成微电网，可再生能源将充分发挥其重要潜力。例如，对于中国未通电的偏远地区，充分利用当地风能、太阳能等新能源，设计合理的微电网结构，实现微电网供电，将是发挥中国资源优势、加快电力建设的重要举措。日本已对中国多个偏远地区和较发达市区利用新能源发展的潜力与效益进行了分析，并在中国新疆维吾尔自治区建设了微电网工程。中国也应尽快加紧这方面的研究与开发。

（2）微电网在提高中国电网的供电可靠性、改善电能质量方面具有重要作用。中国经济已进入数字化时代，优质、可靠的电力供应是经济高速发展的重要保障。在大电网的脆弱性日益凸显的情况下，将地理位置接近的重要负荷组成微电网，设计合适的电路结构和控制，为这些负荷提供优质、可靠的电力，不仅可省去提高整体可靠性与电能质量所带来的不必要成本，还可减少这些重要负荷的停电经济损失，吸引更多的高新技术并在中国得到发展。

（3）微电网对在中国开展热电联供有极大的指导意义。目前，中国已建立了许多热电联供项目，而微电网研究中心的资源配置与经济化思想非常值得借鉴。如何就近选择合适容量的热力用户与电力用户组成微电网，并进行最佳的发电技术组合，对于中国提高能源利用效率、优化能源结构、减少环境污染等具有重要意义。

(4) 微电网与大电网间灵活的并列运行方式可使微电网起到削峰填谷的作用，从而使整个电网的发电设备得到充分利用，实现经济运行。

此外，对于中国已有的众多独立系统，在系统中加入基于电力电子技术的新能源并配以智能、灵活的控制方式，既可提高系统的智能化与自动化水平，也可为企业带来可观的经济效益。

在时代高速发展的今天，电力需求迅速增长，负荷加大，电力部门大多把投资集中在火电、水电以及核电等大型集中电源和超高压远距离输电网的建设上来。但是，随着电网规模的不断扩大，超大规模电力系统的弊端日益呈现，成本高，运行难度大，难以适应用户越来越高的对安全和可靠性的要求以及多样化的供电需求。针对这个问题，国内外提出了微电网的概念。

近年来国外关于微电网的理论和实验研究已经取得了一定的成果。例如，微电网并离网运行方式的不同和储能单元的存在，使得微电网内部能量出现多向、多路径流动与传输，需要建立适合该特点的网络设计和运行理论的基础。根据负荷要求和电网的不同状况，对微电网控制技术进行完善和细化，特别注意不同电网的整合和过渡；研究微电网自适应保护理论与方法，包括建立坚固的微电源安全运行防护体系、研制可在线识别运行模式的微电网无通道保护自动化系统、微电网与局部电网相连时能量交换的控制策略等。

在当今复杂的用电形势和超负荷的供电形势下，微电网的出现是解决电力系统众多问题的一个重要的辅助手段。通过以上分析可以清楚地看到，作为大电网的有效补充与分布式能源的有效利用形式，微电网的研究已经引起各国学者的关注。虽然其中的问题还有很多尚未解决，但是毫无疑问，微电网在未来的电力系统发展中潜力是非常大的。

## 5.2 智能电网技术

### 5.2.1 基本概念

智能电网就是电网的智能化，也称为“电网 2.0”。它是建立在集成、高速双向通信网络的基础上，通过应用先进的传感和测量技术、先进的设备技术、先进的控制方法以及先进的决策支持系统技术，实现电网可靠、安全、经济、高效、环境友好的使用目标，其主要特征包括自愈、激励和包容用户、抵御攻击、提供满足 21 世纪用户需求的电能质量、减少来自输电和配电系统中的电能质量事件容许各种不同类型发电和储能系统的接入、使电力市场蓬勃发展、优化资产应用并使运行更加高效等。智能电网示意图如图 5.2 所示。

与传统电网相比，智能电网将进一步优化各级电网控制，构建结构扁平化、功能模块化、系统组态化的柔性体系结构，通过集中与分散相结合的模式，灵活变换网络结构、智能重组系统构架、优化配置系统效能、提升电网服务质量，实现与传统电网截然不同的电网运营理念和体系。

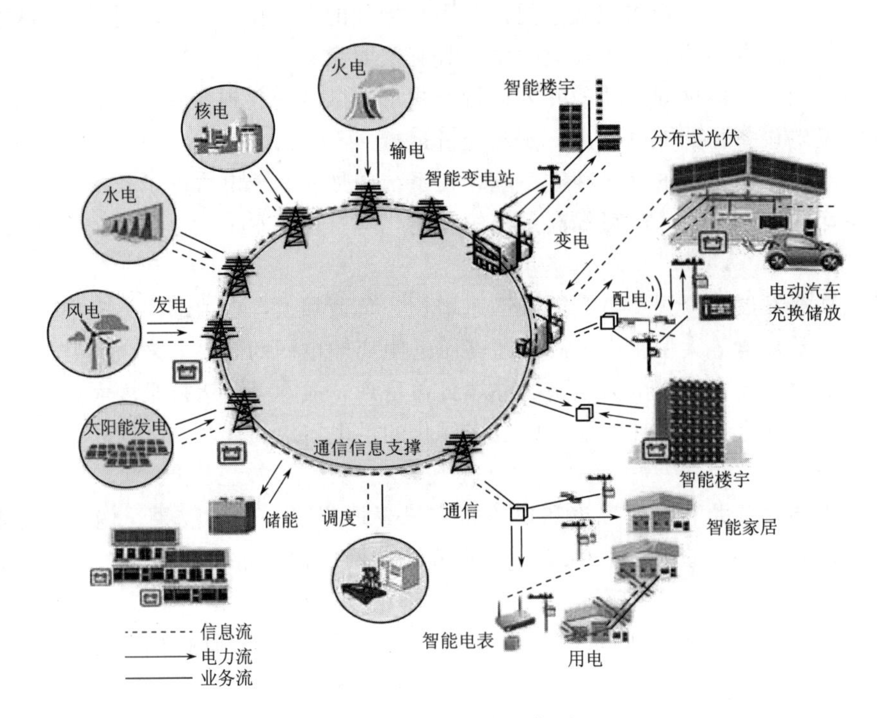


图 5.2 智能电网示意图

智能电网有助于获取电网全景信息（完整、准确、具有精确时间断面、标准化的电力流信息和业务流信息等），以可靠的物理电网和信息交互平台为基础，整合各种实时生产和运营信息，通过对电网业务流加强动态分析、诊断和优化，为电网运行和管理人员展示全面、完整和精细的电网运营状态图，同时能够提供相应的辅助决策支持、控制实施方案和应对预案。

智能电网的核心是对电网运行实现快速响应，提高与分布式能源的兼容能力，从而提高整个系统的经济性、可靠性和安全性。

### 5.2.2 典型特征

（1）智能电网是自愈电网。“自愈”指的是把电网中有问题的元件从系统中隔离出来并且在很少或不用人为干预的情况下可以使系统迅速恢复到正常运行状态，从而几乎不中断对用户的供电服务。从本质上讲，自愈就是智能电网的“免疫系统”，这是智能电网最重要的特征。自愈电网进行连续不断的在线自我评估，以预测电网可能出现的问题，发现已经存在的或正在发展的问题，并立即采取措施加以控制或纠正。自愈电网确保了电网的可靠性、安全性、电能质量和效率。自愈电网有助于尽量减少供电服务中断，充分应用数据获取技术，执行决策支持算法，避免或限制电力供应的中断，迅速恢复供电服务。基于实时测量的概率风险评估将确定最有可能失败的设备、发电厂和线路；实时应急分析将确定电网整体的健康水平，触发可能导致电网故障发展的早期预警，确定是否需要立即进行检查或采取相应的措施；与本地和远程设备之间的通信将帮助分析故障、电压降低、电能质量差、过载和其他不希望出现的系统状态，基于这些分析，采取适当的控制行动。自愈电网经常采用连接多个电源的网络设计方式。当出现故障或发生其他问题时，电网设备中的先进传感器确定故障并和附近的设备进行通信，以切除故障元件或将用户迅速切换到别的可靠电源上，同时传感器还有检测故障前兆的能力，在故障实际发生前，将设备状况告知系统，系统就会及时地提出预警信息。

（2）智能电网激励和包容用户。在智能电网中，用户将是电力系统不可分割的一部分。鼓励和促进用户参与电力系统的运行和管理是智能电网的另一重要特征。从智能电网的角度来看，用户的需求完全是另一种可管理的资源，它将有助于平衡供求关系，确保系统的可靠性；从用户的角度来看，电力消费是一种经济的选择，通过参与电网的运行和管理，修正其使用和购买电力的方式，从而获得实实在在的好处。在智能电网中，用户将根据其电力需求和电力系统满足其需求的能力来调整其消费。同时需求响应（Demand Response，DR）计划将满足用户在能源购买方面有更多选择这一基本需求，减少或转移高峰电力需求的能力使电力公司能够尽量减少资本开支和营运开支，通过降低线损和减少效率低下的调峰电厂的运营，提升其环境效益。在智能电网中，和用户建立的双向、实时的通信系统是实现鼓励和促进用户积极参与电力系统运行和管理的基础。实时通知用户其电力消费的成本、实时电价、电网当前的状况、计划停电信息以及其他一些服务的信息，有助于用户根据这些信息制订自己的电力使用方案。

（3）智能电网可抵御攻击。电网的安全性要求必须有一个能够降低针对电网物理攻击和网络攻击的脆弱性并快速从供电中断状态中恢复的全系统的解决方案。智能电网将展示遭攻击后快速恢复的能力，甚至是那些决心坚定、装备精良的攻击者发起的攻击。智能电网的设计和运行都将阻止攻击，最大限度地降低不良后果，快速恢复供电服务。智能电网还能同时承受电力系统的几个部分同时遭到攻击，以及一段时间内多重协调的攻击。智能电网的安全策略将包含威慑、预防、检测、反应，以尽量减少对电网和经济发展的影响。不管是物理攻击还是网络攻击，智能电网都要就电力企业与政府之间的重大威胁信息加强密切沟通，在电网规划中强调安全风险，以加强网络安全等手段，提高智能电网抵御风险的能力。

（4）智能电网提供满足21世纪用户需求的电能质量。电能质量指标包括电压偏移、频率偏移、三相不平衡、谐波、闪变、电压骤降和突升等。用电设备数字化，致使设备对电能质量越来越敏感，电能质量问题可以导致生产线的停产，对社会经济发展产生重大损失，因此提供能满足21世纪用户需求的电能质量是智能电网的又一重要特征。但是电能质量问题又不是电力公司一家的问题，因此需要制定新的电能质量标准，对电能质量进行分级，因为并非所有的商业企业用户和居民用户都需要相同的电能质量。电能质量的分级可以从“标准”到“优质”，它取决于消费者的需求，将在一个合理的价格水平上平衡负载的敏感度与供电的电能质量。智能电网将以不同的价格水平提供不同等级的电能质量，以满足用户对不同电能质量水平的需求，同时要将优质优价写入电力服务的合同中。

（5）智能电网可减少来自输电和配电系统中的电能质量事件。凭借先进的控制方法监测电网的基本元件，智能电网可以快速诊断并准确地提出解决任何电能质量事件的方案。此外，智能电网的设计还要考虑减少因闪电、开关涌流、线路故障和谐波源引起的电能质量的扰动，同时应用超导、材料、储能以及改善电能质量的电力电子技术的最新研究成果来解决电能质量的问题。另外，智能电网将采取技术手段和管理手段，使电网免受因用户的电子负载造成的对电能质量的影响，将通过监测和执行相关标准，限制用户负荷产生的谐波电流注入电网。除此之外，智能电网将采用适当的滤波器，以防止谐波污染送入电网，恶化电网的电能质量。

（6）智能电网容许各种不同类型发电和储能系统的接入。智能电网将安全、无缝地容许各种不同类型的发电和储能系统接入系统，简化联网的过程，类似于“即插即用”，这一特征对电网提出了严峻的挑战。改进的互联标准将使各种各样的发电和储能系统容易接入。从小到大各种不同容量的发电和储能系统在所有的电压等级上都可以互联，包括分布式电源（如光伏发电、风电）、先进的电池系统、即插式混合动力汽车和燃料电池。商业用户可以安装自己的发电设备（包括高效热电联产装置）和电力储能设施，并将更加容易和有利可图。在智能电网中，大型集中式发电厂，包括环境友好型电源（如风电和大型太阳能电厂）和先进的核电厂，将继续发挥重要的作用。加强输电系统建设使这些大型电厂仍然能够远距离输送电力。同时，各种各样分布式电源的接入既能减少对外来能源的依赖，又可提高供电可靠性和电能质量，特别是在应对战争和恐怖袭击时具有重要意义。

（7）智能电网将使电力市场蓬勃发展。在智能电网中，先进的设备和广泛的通信系统在每个时间段内都支持市场的运作，并为市场参与者提供充足的数据，因此相关基础设施及其技术支持系统是电力市场蓬勃发展的关键因素。智能电网借助市场供给和需求的互动，可以最有效地管理能源、容量、容量变化率、潮流阻塞等参量，降低潮流阻塞，扩大市场，汇集更多的买家和卖家。用户通过实时报价感受到价格的增长，从而将降低电力需求，推动制订成本更低的解决方案，并促进新技术的开发，新型清洁能源产品也将给市场提供更多选择的机会。

（8）智能电网优化资产应用并使运行更加高效。智能电网优化调整电网资产的管理和运行，以便用最低的成本提供所期望的功能。这并不意味着电网资产将被连续不断地用到极限，而是得到有效管理，例如需要什么资产以及何时需要，每项资产都将和所有其他资产进行很好的整合，以最大限度地发挥其功能，同时降低成本。智能电网将运用最新技术，以优化电网资产的应用。例如，通过动态评估技术使电网资产发挥最佳能力，通过连续不断地监测和评价其能力使电网资产能够在更大的负荷下使用。

（9）智能电网通过高速通信网络实现对运行设备的在线状态监测，以获取设备的运行状态，并在最恰当的时间给出需要维修设备的信号，进行设备状态检修，使设备运行在最佳状态。系统控制装置可以被调整到降低损耗和消除阻塞的状态。通过调整系统控制装置，选择最小成本的能源输送系统，提高运行效率。最佳的容量、最佳的状态和最佳的运行将大大降低电网运行的费用。此外，先进的信息技术将提供大量的数据和资料，并将之集成到现有的企业范围的系统中，大大增强其能力，以优化运行和维修过程。这些信息将为设计人员提供更好的工具，做出最佳的设计；为规划人员提供所需的数据，从而提高其电网规划的能力和水平。这样，运行和维护费用以及电网建设投资将得到更为有效的管理。

### 5.2.3 关键技术

1. 通信技术

建立高速、双向、实时、集成的通信系统是实现智能电网的基础，没有这样的通信系统，智能电网的任何特征都无法表现出来，因为智能电网的数据获取、保护和控制都需要这样的通信系统的支持，因此建立这样的通信系统是建设智能电网的第一步。同时，通信系统要和电网一样深入到千家万户，这样就形成了两个紧密联系的网络——电网和通信网络，只有这样才能实现智能电网的目标，展现其主要特征。高速、双向、实时、集成的通信系统使智能电网成为一个动态的、实时信息和电力交换互动的大型基础设施。这样的通信系统建成后，它可以提高电网的供电可靠性和资产利用率，繁荣电力市场，抵御攻击，从而提高电网价值。

高速双向通信系统建成后，智能电网通过连续不断地自我监测和校正，应用先进的信息技术，实现其最重要的特征——自愈特征。它还可以监测各种扰动，进行补偿，重新分配潮流，避免事故扩大。高速双向通信系统使得各种不同的智能电子设备（Intelligent Electronic Device，IED）、智能表计、控制中心、电力电子控制器、保护系统以及用户进行网络化通信，提高其对电网的驾驭能力和优质服务的水平。

在这一技术领域，主要有两个方面的技术需要重点关注：①开放的通信架构，它形成一个“即插即用”的环境，使电网元件之间能够进行网络化通信；②统一的技术标准，它能使所有的传感器、智能电子设备以及应用系统之间实现无缝通信，也就是信息在所有这些设备和系统之间彼此能够得到完全的理解，使设备和设备之间、设备和系统之间、系统和系统之间实现互操作功能。这就需要电力公司、设备制造企业以及标准制定机构进行通力合作，如此才能实现通信系统的互联互通。

2. 量测技术

智能电网参数量测技术是智能电网基本的组成部件，先进的参数量测技术能够获得数据并将其转换成数据信息，以供智能电网各个组成部分使用。它们评估电网设备的健康状况和电网的完整性，进行表计读取、防止窃电、缓减电网阻塞、与用户沟通等。

未来的智能电网将取消所有的电磁表计及其读取系统，取而代之的是可以使电力公司与用户进行双向通信的智能固态表计。基于微处理器的智能表计将有更多的功能，除了可以计量每天不同时段电力的使用和电费外，还能储存电力公司下达的高峰电力价格信号及电费费率，并通知用户实施什么样的费率政策。更高级的功能是由用户自行根据费率政策编制时间表，自动控制用户内部电力使用策略。

对于电力公司来说，参数量测技术给电力系统运行人员和规划人员提供了更多的数据支持，包括功率因数、电能质量、相位关系（WAMS）、设备健康状况和能力、表计的损坏、故障定位、变压器和线路负荷、关键元件的温度、停电确认、电能消费和预测等数据。新的软件系统将收集、储存、分析和处理这些数据，为电力公司其他业务所用。

未来的数字保护将嵌入计算机代理程序，可极大地提高可靠性。计算机代理程序是一个自治和交互的自适应的软件模块。广域监测系统、保护和控制方案将集成数字保护、先进的通信技术以及计算机代理程序。在这样一个集成的分布式的保护系统中，保护元件能够自适应地相互通信，这样的灵活性和自适应能力将极大地提高可靠性，即使部分系统出现故障，其他带有计算机代理程序的保护元件仍然能够保护系统。

3. 设备技术

智能电网将广泛应用先进的设备技术，会极大地提高输配电系统的性能。未来智能电网中的设备将充分应用材料、超导、储能、电力电子和微电子技术方面的最新研究成果，从而提高功率密度、供电可靠性和电能质量以及电力生产的效率。

未来的智能电网将主要应用三个方面的先进技术：电力电子技术、超导技术以及大容量储能技术。通过采用新技术，可在电网和负荷特性之间寻求最佳的平衡点，从而提高电能质量。通过应用和改造各种各样的先进设备，如基于电力电子技术和新型导体技术的设备，可以提高电网输送容量和可靠性。配电系统中将引进许多新的储能设备和电源，同时利用新的网络结构，如微电网。

经济的FACTS装置将利用比现有半导体器件更可控的低成本电力半导体器件，使得这些先进的设备可以得到更广泛的推广和应用。分布式发电将广泛应用，多台机组间通过通信系统连接起来，形成一个可调度的虚拟电厂。超导技术将用于短路电流限制器，储能、低损耗的旋转设备以及低损耗电缆中。先进的计量和通信技术将使得需求响应的应用成为可能。

新型储能技术将应用于分布式能源或大型的集中式电厂。大型发电厂和分布式电源有不同的特性，它们必须协调、有机地结合，以优化成本，提高效率和可靠性，减少环境影响。

4. 控制技术

智能电网先进控制技术是指智能电网中分析、诊断和预测状态并确定与采取适当的措施以消除、减轻和防止供电中断和电能质量扰动的装置与算法。先进控制技术将向输电、配电和用户侧提供控制方法并且可以管理整个电网的有功和无功。从某种程度上说，先进控制技术紧密依靠并服务于其他四个关键技术领域，包括先进控制技术监测基本的元件(参数量测技术)、提供及时和适当的响应（集成通信技术和先进设备技术)、对任何事件进行快速诊断（先进决策技术)。另外，先进控制技术支持市场报价技术，以提高资产的管理水平。

未来，先进控制技术的分析和诊断功能将引进预设的专家系统，在专家系统允许的范围内，采取自动的控制行动。这样其执行的行动将在秒级水平上，自愈电网的这一特性将极大地提高电网的可靠性。当然，先进控制技术需要一个集成的高速通信系统以及对应的通信标准，以处理大量的数据。先进控制技术将支持分布式智能代理软件、分析工具以及其他应用软件。

(1) 收集数据和监测电网元件。先进控制技术将使用智能传感器、智能电子设备以及其他分析工具测量系统和用户参数以及电网元件的状态情况，对整个系统的状态进行评估，这些数据都是准实时数据，对掌握电网整体的运行状况具有重要的意义；同时利用向量测量单元以及全球卫星定位系统的时间信号，实现电网早期预警。

(2) 分析数据。准实时数据以及强大的计算机处理能力为软件分析工具提供了快速扩展和进步的能力。状态估计和应急分析将在秒级而不是分钟级水平上完成，这给先进控制技术和系统运行人员留出足够的时间来响应紧急问题；专家系统将数据转化成信息并用于快速决策；负荷预测将应用这些准实时数据以及改进的天气预报技术准确预测负荷；概率风险分析将成为例行工作，确定电网在设备检修期间、系统压力较大期间以及不希望供电中断时的风险水平；电网建模和仿真使运行人员能够准确认识电网中可能出现的场景。

（3）诊断和解决问题。由高速计算机处理的准实时数据有助于专家诊断问题，确定现有的、正在发展的和潜在的问题的解决方案，并提交给系统运行人员进行判断。

（4）执行自动控制的行动。智能电网结合实时通信系统和高级分析技术，使得执行问题检测和响应的自动控制行动成为可能，它还可以减缓已经存在的问题的扩展，防止紧急问题的发生，修改系统设置、状态和潮流以防止预测问题的出现。

（5）为运行人员提供信息和选择。先进控制技术不仅能给控制装置提供动作信号，而且可为运行人员提供信息。控制系统收集的大量数据不仅对自身有用，而且对系统运行人员有很大的应用价值，这些数据可以辅助运行人员进行决策。

5. 决策支持技术

决策支持技术将复杂的电力系统数据转化为系统运行人员一目了然的、可理解的信息，因此动画技术、动态着色技术、虚拟现实技术以及其他数据展示技术可以用来帮助系统运行人员认识、分析和处理紧急问题。

在许多情况下，系统运行人员做出决策的时间量级须从小时缩短到分钟，甚至到秒，因此智能电网需要一个广阔的、无缝的、实时的应用系统、工具和培训，以使电网运行人员和管理者能够快速地做出决策。

（1）可视化。决策支持技术利用大量的数据并将其裁剪成格式化的、成时间段的和按技术分类的最关键数据给电网运行人员，可视化技术将这些数据展示为运行人员可以迅速掌握的可视的格式，以便运行人员分析和决策。

（2）决策支持。决策支持技术确定现有的、正在发展的以及预测的问题，提供有关决策支持的分析，并向系统运行人员展示需要的各种情况、多种选择以及每一种选择成功和失败的可能性。

（3）调度员培训。利用决策支持技术工具以及行业内认证的软件的动态仿真器，将显著地提高系统调度员的技能和水平。

（4）用户决策。需求响应（DR）系统以很容易理解的方式为用户提供信息，使他们能够决定如何以及何时购买、储存或生产电力。

（5）提高运行效率。当决策支持技术与现有的资产管理过程集成后，管理者和用户就能提高电网运行、维修和规划的效率和有效性。

### 5.2.4 发展现状

#### 5.2.4.1 国外发展现状

当前，资源环境问题已经成为世界各国共同关注的焦点，全球对环境保护、节能减排和可持续发展的呼声越来越高。近年来，欧美国家率先提出了“智能电网”概念并进行了相关研究，引起了世界各国电力工业界的广泛关注，智能电网逐渐成为现代电网发展的趋势。国外发展智能电网的驱动力主要有两个：一是解决能源安全与环保问题，应对气候变化。大力发展清洁能源和电气化交通是各发达国家实现能源独立、保证能源安全和保护环境、应对气候变化的重要途径。二是抢占产业制高点，创造新的经济增长点。美国的高尔文电力行动计划有关研究指出，推广智能电网技术能够创造众多新的经济增长点，仅是大规模部署应用分布式发电和储能技术就能在2020年之前为美国带来100亿美元/年的经济增长（按照2020年分布式发电装机占总装机10%估算）。

由于国情不同，各国发展智能电网的基础和侧重点有所不同。就各国发展智能电网的基础来看，美国和欧洲部分国家的电网设施陈旧，需要通过电网升级改造，提高系统可靠性，避免美加“8·14”大停电和欧洲“11·4”大停电等类似事故再次发生；对日本而言，其电力系统的自动化水平较高，可靠性和效率已经达到了较高水平，但是日本化石能源匮乏，其侧重点在于提高电网对新能源的接纳能力。就各国发展智能电网近中期侧重解决的问题来看，美国主要侧重于加大现有网络基础设施的投入，积极发展清洁能源，推广可插电式混合动力汽车，实现分布式电源和储能的并网运行；欧洲主要侧重于研究和解决电网对风电，尤其是大规模海上风电的消纳、分布式能源并网、需求侧管理等问题；日本主要侧重于研究和解决分布式光伏发电和风能发电的大规模并网问题，以及电动汽车和电网的互动问题。

#### 5.2.4.2 国内发展现状

智能电网是当今世界电力、能源产业发展变革的体现，是实施新的能源战略和优化能源资源配置的重要平台。在“互联网+”的风口下，智能电网必将开启能源与互联网有机结合的大门，智能电网布局也成为国家抢占未来低碳经济制高点的重要战略措施。近年来，我国智能电网政策持续加码，助力行业加速发展，重点政策汇总见表5.3。

**表5.3 我国智能电网行业重点政策汇总**

| 阶段 | 时间 | 颁发机构 | 政策文件名称 | 核心内容 |
| --- | --- | --- | --- | --- |
| 试点阶段 | 2010年1月 | 国家电网公司 | 《关于加快推进坚强智能电网建设的意见》 | 加快推进智能电网关键技术研究、标准制定、设备研制和试点建设等工作 |
| 全面建设阶段 | 2013年3月 | 科技部、国家发展改革委 | 《“十二五”国家重大创新基地建设规划》 | “十二五”期间，将在高速列车、智能电网与特高压、深海工程等领域启动国家重大创新基地建设试点工作 |
| | 2013年5月 | 国务院 | 《“十二五”国家自主创新能力建设规划》 | 集聚整合行业优势创新资源，加强关键技术、装备和工艺创新能力建设，加速创新成果转化，保障国家煤炭基地、大型水（核）电站、智能电网、近海海域和深水油田勘探开发、高速铁路、高速公路、大型公路桥梁、航道整治、沿海深水港口、干线机场、综合交通枢纽等重大工程顺利建设 |
| | 2015年5月 | 国务院 | 《中国制造2025》 | 推动大型高效超净排放煤电机组产业化和示范应用，进一步提高超大容量水电机组、核电机组、重型燃气轮机制造水平。推进新能源和可再生能源装备、先进储能装置，智能电网用输变电及用户端设备发展。突破大功率电力电子器件、高温超导材料等关键元器件和材料的制造及应用技术，形成产业化能力 |

续表

| 阶段 | 时　间 | 颁发机构 | 政策文件名称 | 核　心　内　容 |
| --- | --- | --- | --- | --- |
| 全面建设阶段 | 2015年7月 | 国家发展改革委、国家能源局 | 《关于促进智能电网发展的指导意见》 | 配合“互联网＋”智慧能源行动计划，加强移动互联网、云计算、大数据和物联网等技术在智能电网中的融合应用；加快灵活交流输电、柔性直流输电等核心设备的国产化；加紧研制和开发高比例可再生能源电网运行控制技术、主动配电网技术、能源综合利用系统、储能管理控制系统和智能电网大数据应用技术等，实现智能电网关键技术突破，促进智能电网上下游产业链健康快速发展 |
| 引领提升阶段 | 2016年12月 | 国家能源局 | 《能源技术创新“十三五”规划》 | 建设以智能电网为基础，与热力管网、天然气管网、交通网络等互联互通，电、热、冷、氢多种能源形态互相转化的能源互联网试验示范工程 |
| | 2019年6月 | 国家标准化管理委员会 | 《国家技术标准创新基地（智能电网）建设发展行动计划（2019—2021年）》 | 推动智能电网领域技术标准体系建设 |
| | 2020年5月 | 国家能源局 | 《关于建立健全清洁能源消纳长效机制的指导意见（征求意见稿）》 | 持续完善电网主网架，补强电网建设短板，推进柔性直流、智能电网建设，充分发挥电网消纳平台作用 |
| 新能源转型阶段 | 2021年2月 | 国家发展改革委、国家能源局 | 《关于推进电力源网荷储一体化和多能互补发展的指导意见》 | 依托5G等现代信息通信及智能化技术，加强全网统一调度，研究建立源网荷储灵活高效互动的电力运行与市场体系，充分发挥区域电网的调节作用，落实电源、电力用户、储能、虚拟电厂参与市场机制 |
| | 2021年3月 | 国务院 | 《中华人民共和国国民经济和社会发展第十四个五年规划和2035年远景目标纲要》 | 加快电网基础设施智能化改造和智能微电网建设，提高电力系统互补互济和智能调节能力，加强源网荷储衔接，提升清洁能源消纳和存储能力，提升向边远地区输配电能力，推进煤电灵活性改造，加快抽水蓄能电站建设和新型储能技术规模化应用 |

随着智能电网建设的深入，智能电网投资额占电网总投资额的比例也呈不断上升态势。国家电网公司发布的《国家电网智能化规划总报告（修订稿）》显示：2009—2020年，国家电网公司计划总投资3.45万亿元，其中智能化投资3841亿元，占电网总投资的11.13%。随后，国家电网公司出台了《国家电网公司“十二五”电网智能化规划》，对第二阶段智能电网投资额进行了调整，调整为2861.20亿元，第三阶段与第二阶段智能电网总投资额将基本持平。2020年，南方电网公司电网建设总投资为907亿元，国家电网公司电网建设总投资为4605亿元。

智能电表和传统电表的主要区别在于，智能电表和系统主站之间可以通过通信模块实现数据传输。2009—2015年，国内电网智能化起步，第一代智能电表铺开，2014年国家电网智能电表招标量达到顶峰的9159万只。国家电网第二代智能电表招标始于2020年，相比第一代智能电表，第二代智能电表可选配电能质量模块和负荷识别模块，行业整体处于量价齐升的高景气状态。2021年，中国智能电表招标量为7391.0万只，共分为三个批次招标。2015年起，国家电网信息化设备加速招标，为智能电网的发展提供了技术底座。2020年受疫情影响，招标数量有所下降。据不完全统计，2021年，国家电网服务器和交换机招标数量分别为11265件和11305件。

泛在电力物联网作为智能电网的进一步延伸，将推动无人巡检、智能运维、人机交互应用的发展。此外，传统的电力运维及管理模式已不能适应智能电网快速发展的需求，因此，将机器人技术与电力技术融合，通过智能机器人对输电线路、变电站/换流站、配电站（所）及电缆通道实现全面的无人化运维已经成为我国智能电网的发展趋势。

随着国家智能电网战略的推进，电力行业智能机器人市场规模快速增长。电力机器人属于检测技术与机器人技术相融合的新型监测设备，可以实现对变电站、开闭所等场所内的电力设备进行带电监测。国内最早于1999年由国网山东省电力公司电力科学研究院及其下属的山东鲁能智能技术有限公司开始变电站巡检机器人研究；2002年，国家电网公司电力机器人技术实验室成立，主要开展电力机器人领域的技术研究，并于2004年研制成功第一台功能样机。近年来，国家电网和南方电网两大电网公司大力推广智能巡检机器人在电力系统中的应用，预计2023年市场规模将超过50亿元。

## 5.3 特高压技术

### 5.3.1 基本概念

特高压技术是指1000kV及以上交流和±800kV以上直流输电工程及相关技术。特高压交流输电线路输送容量大、送电距离长、网损小、走廊利用率高，特高压能够减少长距离输电的损耗。国家电网公司提供的数据显示，一回路特高压直流电网可以送600万kW电量，相当于现有500kV直流电网的5～6倍，而且送电距离是后者的2～3倍，效率大大提高。此外，据国家电网公司测算，输送同样功率的电量，采用特高压线路输电可以比采用500kV高压线路节省60%的土地资源。同时，特高压输电能够提高电网的安全性、可靠性、灵活性和经济性，具有显著的技术优势；可以更安全、更高效、更环保地配置能源，是实现能源资源集约开发、促进清洁能源发展、有效解决雾霾问题的重要载体，是转变能源发展方式、保障能源安全的必然选择。

特高压交流输电线路和直流输电线路分别如图5.3和图5.4所示。

### 5.3.2 典型特征

（1）特高压输电技术可以满足大规模、远距离、高效率电力输送要求。我国能源资源与负荷中心逆向分布的特征明显，能源资源大部分集中在西部、北部地区，负荷中心集中在中东部、东南部地区，大型能源基地与负荷中心的距离可达1000～3000km，因此，要保障大型能源基地的集约开发和电力可靠送出，需要大力发展具有输送容量大、距离远、效率高等特点的特高压输电技术。

（2）有利于改善环境质量。采用特高压输电，可以推动清洁能源的集约化开发和高效利用，将我国西南地区的水电、西北和北部地区的风电及太阳能发电等清洁电能大规模、远距离输送至东中部、东南部负荷中心，实现“电从远方来，来的是清洁电”，减少化石

图 5.3 特高压交流输电线路

图 5.4 特高压直流输电线路

能源消耗及污染物排放，具有显著的环境效益。

（3）有利于提高电网运行的安全性。采用“强交强直”的特高压交直流混合电网输电，可以大大降低直流系统故障情况下 500kV 电网潮流转移能力不足、无功电压支撑弱等问题，降低电网大面积停电风险，并可为下一级电网逐步分层分区运行创造条件，解决短路电流超限等限制电网发展的问题，提高电网运行的灵活性和可靠性。

（4）有利于提高社会综合效益。相对于高压、超高压输电，特高压输电能够大量节省输电走廊，显著提高单位走廊宽度的输送内容，节约宝贵的土地资源，提高土地资源的整体利用效率。

**5.3.2.1 特高压交流输电技术的主要特征**

（1）特高压交流输电中途可以有落点，具有网络功能，可以根据电源分布、负荷布点、输送电力、电力交换等实际需要构成国家特高压骨干网架。特高压交流电网的突出优点是：输电能力大、覆盖范围广、网损小、输电走廊明显减少，能灵活适合电力市场运营的要求。

（2）采用特高压实现联网，特高压交流同步电网中线路两端的功角差一般可控制在20°及以下。因此，交流同步电网越强，同步能力越大，电网的功角稳定性越好。

（3）特高压交流线路产生的充电无功功率约为500kV的5倍，为了抑制工频过电压，线路须装设并联电抗器。当线路输送功率出现变化，送受端的无功将发生大的变化。如果受端电网的无功功率分层分区平衡不合适，特别是动态无功备用容量不足，在严重工况和严重故障条件下，电压稳定可能成为主要的稳定问题。

（4）适时引入1000kV特高压交流输电，可为直流多馈入的受端电网提供较强的电压和无功支撑，有利于从根本上解决500kV短路电流超标和输电能力低的问题。

#### 5.3.2.2 特高压直流输电技术的主要特征

（1）特高压直流输电系统中途无落点，可实现点对点、大功率、长远距离直接电力输送。在输送点和接受地点都确定的情况下，使用特高压直流输电，可以实现交直流并联输电或非同步联网，这样便使得电网的结构比较松散和清晰，有利于调控。

（2）大量过网潮流在采用特高压直流输电时是可以减少或避免的，通过改变送受两端的运行方式潮流方向和大小都可以很方便地进行控制。

（3）使用特高压直流输电时，因为电压高、输送容量大，因此比较适合大功率、远距离输送电。

（4）进行交直流并联输电时，通过调制直流的有功功率，可以有效抑制与其并列的交流线路的功率振荡，包括区域性低频振荡，明显提高交流的暂态稳定性和动态稳定性。

（5）当大功率直流输电发生直流系统闭锁时，输电线路两端的交流系统会承受较大的功率冲击。

### 5.3.3 关键技术

（1）特高压直流输电设备。特高压直流输电由于直流侧电压高、容量大，对换流阀、换流变压器、平波电抗器、直流滤波器、直流避雷器等设备提出了更高的要求。

1）换流阀。大型直流输电工程均采用晶闸管换流阀，组成400kV、4000A的换流阀，不需要元件并联，所需串联数约为138个。针对此数量级的串联数，换流阀的制造技术已比较成熟。

2）换流变压器。换流变压器阀侧绕组同时承担交流电压和直流电压，这对变压器的油纸绝缘和套管有特殊的要求。苏联于20世纪80年代已制造出320MVA、直流750kV的单相双绕组换流变压器，并通过了现场试验，但没有运行经验。对于±800kV、6400MW的特高压直流输电工程，换流变压器研制是设备研制的重点。

3）平波电抗器。直流输电工程采用的平波电抗器有干式和油浸式两种，它们都在直流输电中得到广泛应用。针对特高压直流输电，主要对直流电压下的油纸绝缘以及支柱绝缘子进行更多的研究。

4）直流绝缘子和套管。直流输电线路和换流站污秽严重，要求直流绝缘子（线路绝缘子和支柱绝缘子）和套管的爬距长并且具有良好的防污性能。长爬距的瓷绝缘子和玻璃绝缘子在直流线路上均得到广泛应用。复合绝缘子具有良好的抗污闪性能，宜在重污秽地区使用。

(2) 过电压限制技术。特高压输电线路大都承担远距离的输电任务，对输电线路的长度有较高的要求，不仅会增加施工成本，在输电的过程中，还会因为距离增加而产生损耗。所以，为了有效保障电力企业运输电力资源时的经济效益，降低非全相工频谐振过大的电压，应当采取电压限制技术。针对工频过电压的主要措施如下。

1) 使用高压并联电抗器补偿特高压线路充电电容。出于西电东送和南北互供等远距离送电的要求，我国相当一部分特高压线路比较长。单段线路的充电功率很大，必须使用高压并联电抗器进行补偿。日本由于每段特高压线路较短，没有使用高压电抗器，苏联和美国在特高压电网研究中均考虑采用固定高压电抗器。

2) 采用可调节或可控高抗。线路补偿度一般为 80%～90%。重载长线在 80%～90% 高抗补偿度下，可能给无功补偿和电压控制造成相当大的问题，甚至影响到输送能力。对此问题，较好的解决办法为采用可调节或可控高抗。重载时运行在低补偿度下，这样由电源向线路输送的无功减少，使电源的电动势不至于太高，还有利于无功平衡，提高输送能力；当出现工频过电压时，快速调节到高补偿度。

3) 使用良导体地线或光纤复合架空地线（OPGW 电缆），可有利于减少单相接地甩负荷过电压。

4) 采用线路两端联动跳闸或过电压继电保护，可缩短高幅值无故障甩负荷过电压持续时间。

5) 使用金属氧化物避雷器（MOA）限制短时高幅值工频过电压。随着金属氧化物避雷器性能的提高，其限制短时高幅值工频过电压成为可能。当然，这会对 MOA 的能力提出很高的要求，在采用高压并联电抗器后，不需要将 MOA 作为限制工频过电压的主要手段，仅在特殊情况下考虑。

6) 选择合理的系统结构和运行方式，以降低工频过电压。过电压的高低和系统结构及运行方式密切相关，这在特高压线路运行初期尤为重要。

操作过电压主要依靠线路两端的 MOA 限制。在特高压系统的操作过电压研究中，以此作为限制操作过电压的底线，将合闸过电压和分闸过电压限制到适当的范围内（1.6～1.7p.u. 水平），相当一部分限制操作过电压的措施是建立在限制工频过电压基础上的。还可采用如下措施。

1) 用金属氧化物避雷器（MOA）进行限制。近年来，随着 MOA 制造水平的提高，其限制操作过电压的能力也不断提高，成为目前国际上限制操作过电压的主要手段之一。在现阶段的特高压研究中，变电站和线路侧都采用额定电压为 828kV 的 MOA。

2) 用断路器合闸电阻限制合闸过电压。合闸时，断路器辅助触头先合上，经过一段时间（合闸电阻接入时间）后，主触头合上，即可达到限制合闸过电压的目的。在国外，美国邦维尔电力局（BPA）合闸电阻为 300Ω，苏联合闸电阻为 378Ω，意大利使用的分合闸电阻为 500Ω。日本由于线路较短，采用高合闸电阻，分合闸电阻为 700Ω。在我国，综合各种因素后，初步确定 1000kV 断路器合闸电阻的取值为 400Ω。

3) 使用控制断路器合闸相角的方法降低合闸过电压。使合闸相角在电压过零附近，以降低合闸操作过电压。1998 年，国际大电网会议对相控断路器的优缺点进行了讨论，认为通过分析计算和现场试验可以证明相控断路器的有效性。

4）用断路器分闸电阻来限制甩负荷分闸过电压。分闸时，主触头先打开，经过一段时间（分闸电阻接入时间）后，辅助触头打开，以达到限制分闸过电压的目的。不过，由于分闸电阻所需的能量很大，其在有的线路中会影响到限制合闸过电压的效果，一般用在线路两端设置 MOA 的办法就可以将大部分分闸过电压限制在要求水平以下。因此，大部分情况下不采用分闸电阻。

5）选择适当的运行方式以降低操作过电压。

（3）防雷技术。特高压输电线路与普通线路相比，杆塔高度及宽度都较大，因此受雷击的概率也随之增大。经过分析，地线保护角、杆塔高度、塔型、雷电因素、地形因素等均可对特高压线路耐雷性能产生影响。对此可采取减小避雷线保护角、架设避雷针、安装线路避雷器等措施，在此基础上，综合考虑地形地貌、雷电活动规律、线路结构等因素，进行特色化防雷，最大限度地降低输电线路受到雷击的负面影响。

（4）覆冰危害治理技术。特高压输电线路覆盖范围广，经过的地区气候变化多样，不同的气候环境对特高压输电线路会产生不同的影响，其中输电线路防冰抗冰在我国的自然气候条件下显得尤为重要。覆冰风险防范措施可分为防冰和除冰两个方面。防冰可采用涂层隔绝、防冻法防止导线或地线上覆冰或积雪，除冰可采用热力融冰法、机械除冰法和被动除冰法等。除此之外，还需采取一系列防范风险的管理措施，制订应急预案，有效降低事故发生频率，合理减少经济损失。

### 5.3.4 发展现状

#### 5.3.4.1 国外发展现状

国外发达国家特高压技术起步比较早，在20世纪60年代就已经开始对特高压进行研究，美国、苏联、日本和意大利都曾建成交流特高压试验线路，进行了大量的交流特高压输电技术研究和试验。最后苏联和日本建设了交流特高压线路，但由于种种原因，建成的特高压线路最终“降级”运行，没有形成真正意义上的特高压输电网。

20世纪80年代，莫斯科建设了1150kV输电试验站，1985年8月共建成了2条1150kV输电线路，分别从哈萨克和西伯利亚送电至乌拉尔地区，运行5年之后，由于苏联经济解体和政治原因，两条1150kV输电线路降压运行，执行500kV电压等级。1990年，意大利建造了1050kV的试验线段和1050/400kV的变电站。日本特高压输电技术的研究是从1973年开始起步的，投入了大量的人力、物力、财力进行试验，1988年开始建设特高压试验线路，终于在1999年分别建成了190km的1000kV输电线路（南北线）和240km的1000kV输电线路（东西线），后来也由于种种原因，这两条线路“降级”至500kV运行。美国在20世纪也曾尝试特高压建设，美国电力公司（AEP）、邦维尔电力局（BPA）和通用电气公司（GE）都曾进行过特高压技术研究和试验，先后建成1100kV特高压输电试验线路共约500km。但美国是联邦制国家，有500多家独立的电力公司，难以组成协调和统一的大电网。美国的电网分布完全是碎片化的，电网属于区域性结构，大部分电网不能互相传输电能，也就失去了特高压输电的发展基础，直到现在美国都没有真正意义上的特高压。

#### 5.3.4.2 我国发展现状

2010 年及以前，我国特高压输电线路核准进度较为缓慢，2011 年后核准速度显著加快，特高压工程累计线路长度从 2016 年的 16937km 快速提升至 2021 年的 42169km，年均增长率达到 29.78%。2016—2021 年中国特高压工程线路长度如图 5.5 所示。

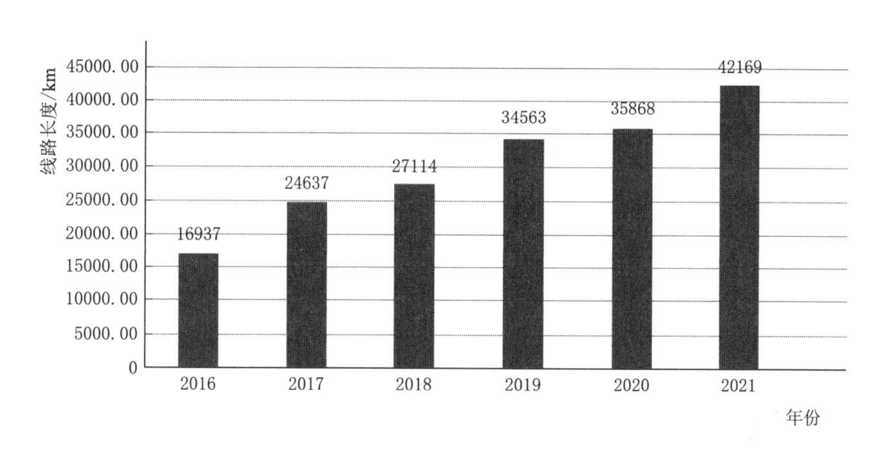


图 5.5　2016—2021 年中国特高压工程线路长度

特高压变电方面，根据国家电网数据统计，2016—2020 年，中国特高压累计变电量稳步增长，其中 2019 年特高压变电量增速明显扩大。数据显示，2020 年中国特高压累计变电量达 41267 万 kW。2021 年，中国特高压累计变电量达 45287 万 kW。2016—2021 年中国特高压累计变电量如图 5.6 所示。

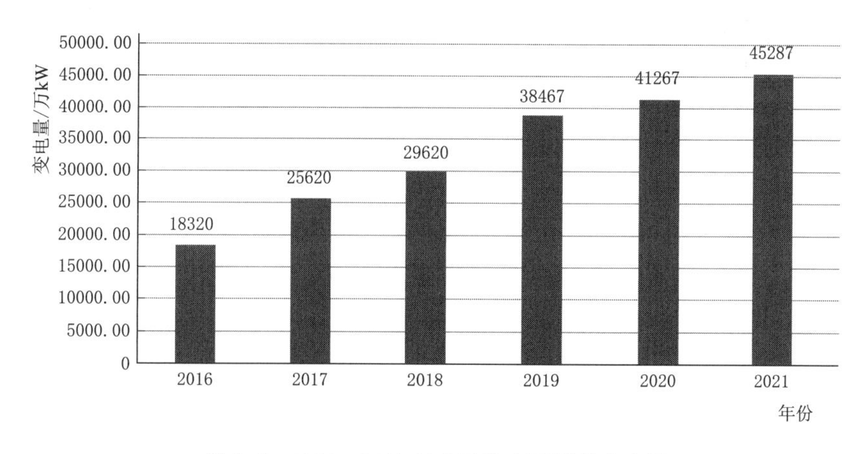


图 5.6　2016—2021 年中国特高压累计变电量

特高压输电量方面，据国家电网数据统计，2016—2020 年，国家电网特高压跨区跨省输送电量逐渐增长，增长幅度有所加大，2020 年国家电网特高压跨区跨省输送电量达 20764.13 亿 kW·h，2021 年国家电网特高压跨区跨省输送电量达 24415.41 亿 kW·h。2016—2021 年中国特高压累计输送电量如图 5.7 所示。

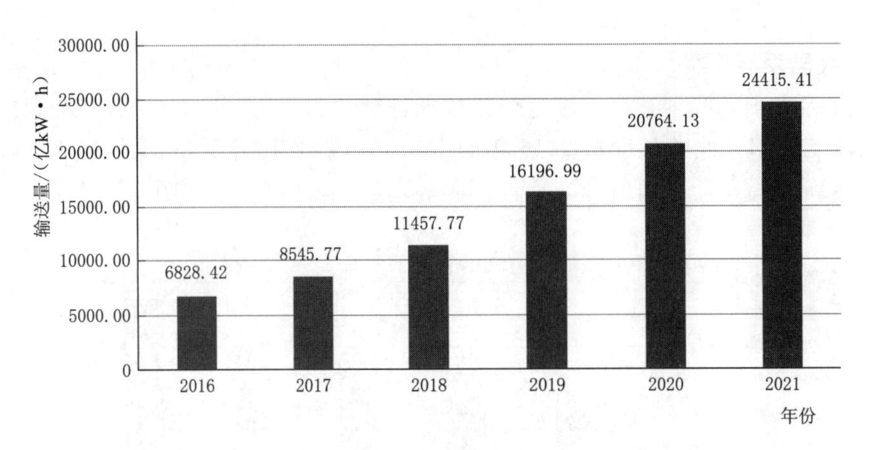


图5.7 2016—2021年中国特高压累计输送电量

特高压投资规模方面，2020年，我国特高压产业及其产业链上下游相关配套环节带动的总投资规模超3000亿元，其中特高压产业投资规模近1000亿元，带动社会投资超2000亿元。2022年，中国特高压产业及其产业链上下游相关配套环节带动的总投资规模达到4140亿元。到2025年，特高压产业与其带动产业整体投资规模将达5870亿元。2021—2025年中国特高压投资总规模如图5.8所示。

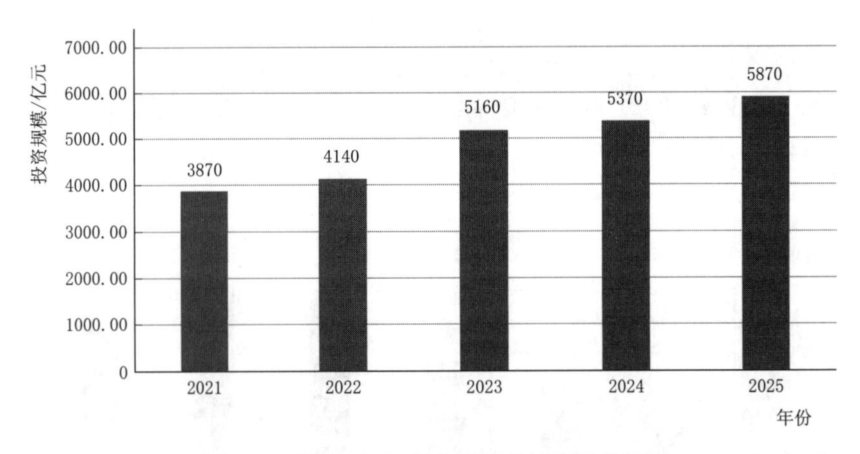


图5.8 2021—2025年中国特高压投资总规模

国家电网特高压工程情况汇总见表5.4。

表5.4 国家电网特高压工程情况汇总

| 序号 | 工程类型 | 工程详情 |
|---|---|---|
| 1 | 已建成的交流特高压通道 | 长南荆特高压：晋东南—南阳—荆门1000kV特高压交流试验示范工程 |
| 2 | 已建成的交流特高压通道 | 皖电东送：淮南—上海1000kV特高压交流输电示范工程 |
| 3 | 已建成的交流特高压通道 | 榆横—潍坊1000kV特高压交流输变电工程 |
| 4 | 已建成的交流特高压通道 | 锡林郭勒盟送山东1000kV特高压交流工程 |
| 5 | 已建成的交流特高压通道 | 浙北—福州1000kV特高压交流输变电工程 |

续表

| 序号 | 工　程　类　型 | 工　程　详　情 |
| --- | --- | --- |
| 6 | 已建成的交流特高压通道 | 蒙西—天津南 1000kV 特高压交流输变电工程 |
| 7 | 已建成的交流特高压通道 | 张家口—雄安特高压交流输变电工程 |
| 8 | 已建成的交流特高压通道 | 雄安—石家庄 1000kV 交流特高压输变电工程 |
| 9 | 已建成的交流特高压通道 | 潍坊—临沂—枣庄—菏泽—石家庄 1000kV 特高压交流工程 |
| 10 | 已建成的交流特高压通道 | 蒙西—晋中 1000kV 特高压交流工程 |
| 11 | 已建成的直流特高压通道 | 复奉直流：向家坝（四川、云南交界）—上海±800kV 特高压直流输电示范工程 |
| 12 | 已建成的直流特高压通道 | 锦苏直流：锦屏（贵州）—苏南±800kV 特高压直流输电工程 |
| 13 | 已建成的直流特高压通道 | 天中直流：哈密南—郑州±800kV 特高压直流输电工程 |
| 14 | 已建成的直流特高压通道 | 宾金直流：溪洛渡左岸（四川、云南交界）—浙江金华±800kV 特高压直流输电工程 |
| 15 | 已建成的直流特高压通道 | 祁韶直流：±800kV 祁韶（甘肃酒泉—湖南湘潭）特高压直流输电工程 |
| 16 | 已建成的直流特高压通道 | 雁淮直流：±800kV 山西晋北送电江苏南京特高压直流输电工程 |
| 17 | 已建成的直流特高压通道 | 锡泰直流：锡林郭勒盟—江苏泰州±800kV 特高压直流输电工程 |
| 18 | 已建成的直流特高压通道 | 昭沂直流：内蒙古上海庙—山东临沂±800kV 特高压直流输电工程 |
| 19 | 已建成的直流特高压通道 | 鲁固直流：内蒙古扎鲁特—山东青州±800kV 特高压输电工程 |
| 20 | 已建成的直流特高压通道 | 吉泉直流：新疆昌吉—安徽皖南±1100kV 特高压直流输电工程 |
| 21 | 已建成的直流特高压通道 | 灵绍直流：宁夏灵武市—浙江绍兴±800kV 特高压直流输电工程 |
| 22 | 已建成的直流特高压通道 | 青海—河南：青海海南藏族自治州—河南郑州±800kV 特高压直流工程 |
| 23 | 在建的特高压输电通道 | 四川雅中—江西±800kV 特高压直流工程 |
| 24 | 在建的特高压输电通道 | 四川白鹤滩—江苏±800kV 特高压直流工程 |
| 25 | 在建的特高压输电通道 | 陕北至湖北±800kV 特高压直流工程 |
| 26 | 已经获得核准 | “七交两直”：南昌—长沙交流、荆门—武汉交流、芜湖站扩建、晋北站扩建、晋中站扩建、北京东站扩建、汇能长滩电厂送出交流、白鹤滩—江苏直流、闽粤联网直流 |
| 27 | 已经完成可行性研究报告 | “三交一直”：南阳—荆门—长沙交流、驻马店—武汉交流、福州—厦门交流、白鹤滩—浙江直流 |
| 28 | 已经完成预可行性研究报告 | “三直”：陇东—山东、金上—湖北、哈密北—重庆 |

# 5.4 综合能源系统

## 5.4.1 基本概念

综合能源系统（Integrated Energy System，IES）是指一定区域内利用先进的物理信息技术和创新管理模式，整合区域内煤炭、石油、天然气、电能、热能等多种能源，实现多种异质能源子系统之间的协调规划、优化运行，协同管理、交互响应和互补互济，在满足系统内多元化用能需求的同时，有效地提升能源利用效率，促进能源可持续发展的新型一体化的能源系统。

综合能源系统因其在能源利用方面的优势，成为工业界与学术界新的探索领域。综合能源系统将是未来能源领域发展的方向，目前国外在IES方面研究比较深入，国外实施的IES项目有欧盟的ELECTRA示范项目、德国的E-Energy计划、日本的柏叶智慧城市等。在国内，目前已经实施的IES项目有首次采用GE分布式能源技术提供冷、热、电和压缩空气四联供的上海迪士尼度假区，以微网的形式实现冷、热、电高效利用的天津生态城示范项目和广州从化工业园区的综合能量管理系统研发和示范项目。近年的研究成果表明，多种能源的协调控制技术是综合能源系统实现能源优化、稳定运行的关键技术，是未来我国绿色、高效、可靠的新一代综合能源系统得以推广应用的核心关键技术，对未来我国能源领域技术发展具有重要的促进作用。综合能源系统结构如图5.9所示。

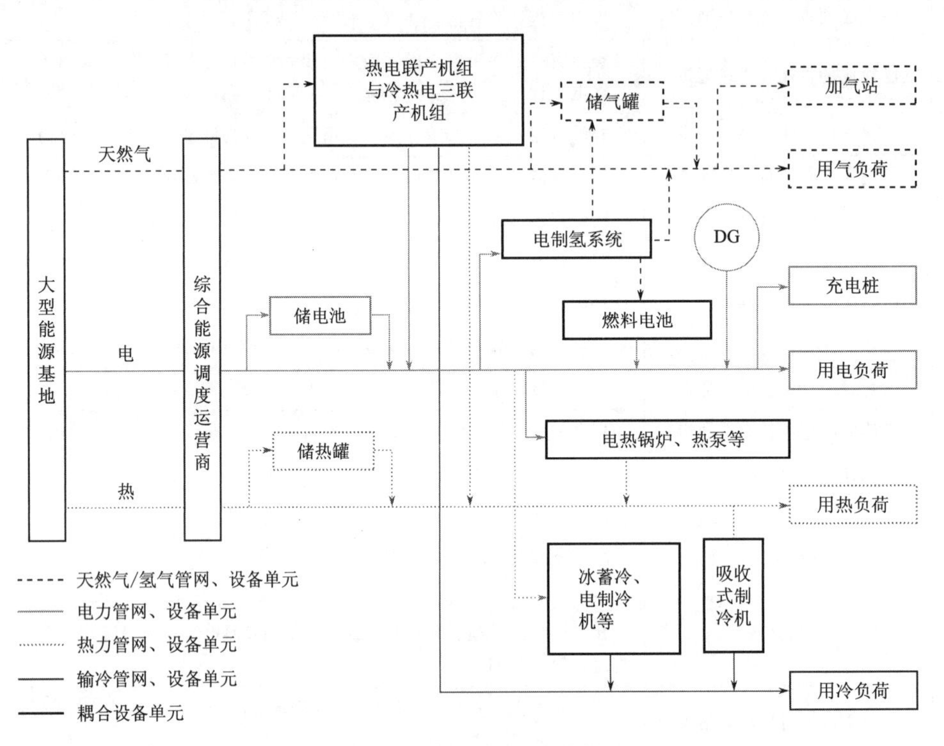


图5.9 综合能源系统结构

### 5.4.2 典型特征

(1) 灵活性。单一能源供应系统对能源供应的稳定性依赖极强，当能源供应中断时，生产系统将处于瘫痪状态，造成极大的经济损失。综合能源系统在正常工作时，能针对能源的不同特性提升能源的传输率及转化率，在某种能源供应因故障而中断时，系统能够利用其他能源保证生产系统的正常运行。

(2) 可靠性。清洁能源因其自身的间歇性和随机性，不能持续和稳定地供能，制约了其发展。综合能源系统可接受多种清洁能源，在能源获得的难易程度上进行互补，此外，综合能源系统中的储能设备同样极大地提高了能源供应的可靠程度。

(3) 低碳性。环境与发展相互依赖、相互促进又相互制约。近200年来大量使用化石能源，温室气体的排放量越来越大，海平面升高，臭氧层也遭到破坏。以清洁能源代替化石能源是治理环境问题、保持经济健康发展最有效措施。

（4）可扩展性。以模块式划分的综合能源系统可根据各适用区域面积，形成单独的综合能源系统或多个综合能源系统联合供应，对于各类供能网络、能源交换及存储模块有较强的适应性及融合度，以满足更大规模的用户需求。

### 5.4.3 关键技术

（1）多能协同规划设计技术。多能协同规划设计技术主要包括：英国帝国理工学院 Nilay Shah 团队研究了城市能源系统的混合整数线性/非线性优化方法，统筹考虑建筑选址布局、负荷需求以及能源技术选择之间的关系；西班牙萨拉哥萨大学的 Jose M. Yusta 采用遗传算法对混合发电系统进行规划设计，并研究了蓄电池容量配置的优化方案；Ali Zangeneh 提出了以基于帕累托分析法的多目标优化算法，解决一个综合能源系统的规划问题；管霖把同时考虑质调节和量调节的方法运用到优化设计 IES 管网管径方案中，以年等值最小投资作为优化目标；王琪鑫把 IES 中的供、用暖系统作为研究对象，通过分析需求侧用户的行为，得到了同时对 IES 供、需侧进行优化的方法；管霖以优化能源站的容量作为研究目标，对多目标粒子群算法进行了改进。

（2）多能协同优化运行技术。Laura Tribioli 设计了一套基于风光燃料电池的能源网络，采用规则库控制方法降低备用柴油机的利用率。Carlos Bordons 基于神经网络设计出用于微网的预测控制模型，以降低总线的退化速度延长微网寿命。Anthony M. Gee 提出一种适用于离网风电系统的滤波控制算法，可在一定程度上延长储电设备的寿命。王成山在 IES 框架搭建过程中，选用了集中母线，建立了 0～1 混合整数线性规划模型。顾伟团队针对可再生能源出力及负荷不确定性问题提出一种在线优化调度微网的方法。刘继春考虑电转气能量损失和环境成本，提出了一种日前经济调度优化模型。胡浩将 CVaR 理论引入综合能源运行调度问题，提出一种计及风、光出力和电、热负荷不确定性的经济调度模型。周亦洲提出采用虚拟电厂模式实现不同区域分布式冷热电联供型 IES 的协调优化控制。

（3）智能化技术。综合能源系统的智能化技术涉及系统中能源信息的智能监测、智能采集以及对数据的智能分析处理。

1）非侵入式测量技术。非侵入式监测终端主要有两种：一种为独立非侵入式终端，另一种是嵌入在智能电表或网关内的终端。独立非侵入式终端的采样频率高，可以获取更完备的负荷特征，达到更高的分解精度，但目前施工成本较高。嵌入在智能电表或网关内的终端受限于智能电表的采样频率与传输容量，无法获取高频采样数据，负荷分解精度有所下降。北京科技大学张勇军采用磁阻传感器实现了对多芯电缆的非侵入式电流测量。贵州大学夏磊通过建立电力干线电流模型以及利用角差补偿做出电压电流同步算法，来完成电流的非侵入式测量。

2）群体化智能技术。群体化智能技术是在用户行为智能推演技术的基础上，结合智能化应用场景，充分利用边缘智能相互间的合作与博弈而衍生的智能化技术。群体化智能技术主要由多个 Agent 组合成 Multi - Agent，通过通信手段把各成员协调起来，由中央控制系统统一管辖，使各 Agent 之间相互服务，共同完成一项任务。在 IES 中，会有越来越多有边缘计算能力的智能化终端设备，各个终端设备之间有合作也有博弈，群体化智能技术使IES始终能够在全局最优的状态下运行。国网浙江省电力公司宋艳通过将通信基础设施与电网设备资源进行整合分类，促进了物联网感知层、传输层和应用层分类协作的高度统一。南京邮电大学周栋梁设计了基于Wi-Fi的物联网智能楼宇控制系统。

3）能源交易智能合约技术。智能合约技术以区块链为基础，由区块链内的多个用户共同参与制定，可用于用户之间的任何交易行为，明确了双方的权利和义务。这些权利和义务以电子化的方式进行编码，并上传到区块链网络。智能合约定期检查是否存在相关事件和触发条件，满足条件的事件将被推送到待验证的队列中。区块链上的验证节点先对该事件进行签名验证，当大多数验证节点对该事件达成共识后，智能合约将成功执行，并通知用户。以太坊和Hyperledger Fabric是目前较为成熟且极具代表性的智能合约技术平台。在国内，西藏大学高飞提出了一种融合区块链技术的智能合约自动分类系统。北京邮电大学毛兆丰通过对数据溢出、短地址攻击、重入智能合约中的3种典型安全漏洞进行分析，重现攻击并分析应对策略，给出了安全模式。

（4）能源转换技术。能源转换技术是将一次能源转换成二次能源的技术。一次能源包括风能、太阳能、生物质能等再生能源和天然气等非可再生能源，这些一次能源都属于清洁能源。二次能源中，用途最广、最清洁方便的是电能。我国对发展清洁能源产业十分重视，国家能源局《2018年能源工作指导意见》指出，要壮大清洁能源产业。

（5）储能技术。储能技术是通过储能装置把一种能量转换为另一种易于存储的能量进行高效存储的技术。综合能源系统中的储能技术有储电、储气、储热和蓄冷4种。

1）储电技术。IES中使用的储电电池能够提升系统中的新能源消纳能力，避免弃风弃光。储电电池主要有液流电池和燃料电池两种类型。

液流电池适合应用于风电和光伏容量大、渗透率高的IES（如“三北”地区）。液流电池储能能够有效地对微网内风能和太阳能输出功率进行调节，保证系统运行的稳定性，常用于边防海岛、无市电的通信基站等离网系统。2012年，大连融科储能技术发展有限公司为新疆金风科技股份有限公司智能微网提供了200kW×4h全钒液流电池系统。普能公司针对无市电、弱市电地区的新能源通信基站提出了48VDC、5～10kW、10～40kW·h的全钒液流电池系统。

燃料电池（Fuel Cell，FC）是一种将燃料、氧化剂中的化学能转化成电能的装置，其中，氢氧燃料电池适合用于风电容量大、渗透率高的IES（包括“三北”地区、东部沿海地区等）。对无法消纳的风能资源，采用电转气（Power to Gas，P2G）技术，尤其是电转氢技术，产生的氢气通过氢氧燃料电池进行再存储和消纳。目前，中国氢燃料电池产品已通过商业化运营验证。2016—2019年，中国氢燃料电池汽车销量持续增长，2020年氢燃料电池汽车产量出现较大幅度下降，2021年燃料电池汽车产量恢复增长。截至2022年6月，我国加氢站数量超过270座，氢燃料电池汽车产量达到1803辆，同比增长192.2%。

2）储气技术。IES中的储气技术，主要指电转气（P2G）后的气体存储和利用，包括电转氢气和电转天然气。电转氢气适用于风电和光伏容量大、渗透率高的东部地区IES。电转氢气后可以存储，用于供给电动汽车的燃料电池。电转氢气新技术包括固体氧化物水电解制氢技术和液氨储氢等化学储氢技术。电转天然气适用于风电容量大、渗透率高的“三北”地区的IES。利用无法消纳的风能资源，结合电转天然气技术，可以通过天然气管道运输、存储，供给燃气轮机和居民燃气负荷。电转天然气技术的关键是氢气甲烷化，包括改进的$SiO_2$载体型催化剂、稀土类金属氧化物催化剂助剂。我国P2G项目有3个：中国节能环保集团公司主持的国家863项目“风电直接制氢及燃料电池发电系统技术研究与示范”，在张北分公司建设风电场，制氢功率为100kW，燃料电池发电功率为30kW；中德合作，在河北沽源投建的10MW电解水制氢系统，配合200MW风电场制氢；新疆金风科技股份有限公司在吉林获批的风电装机为100MW、氢储能容量为10MW的项目。

3）储热技术。储热技术尤其适用于北方集中供暖地区的IES。热电联产“以热定电”，调节能力有限，是我国“三北”地区弃风的主要原因。储热分为显热储热、潜热储热和化学储热。潜热储热中的相变储热蓄能密度高，应用范围广。化学储热技术复杂，目前尚在研究中。2017年，河南安阳市东彰武村引入“电锅炉＋相变储能系统＋空气源热泵机组”的供暖模式后，取暖问题得到改善。国网宁夏节能服务公司为银川市第四回民小学建设了采用电锅炉加相变材料储能技术的供热系统。

4）蓄冷技术。按照蓄冷方式划分，蓄冷技术分为显热蓄冷、潜热蓄冷和化学蓄冷。我国的蓄冷项目主要采用冰蓄冷（潜热蓄冷）技术和水蓄冷（显热蓄冷）技术，且冰蓄冷系统数量最多。蓄冷系统在办公建筑、商业综合体、工厂、交通枢纽、数据机房中应用广泛。蓄冷系统主要适用于负荷比较集中或者负荷变化较大的场合（如体育馆、影剧院等）。该类储能适用于供冷用电量较高的IES，包括我国城市区域内的IES。宿迁市冰蓄冷空调项目夏季转移高峰时段用电负荷达73654kW·h。开封市冰蓄冷电能替代项目采用大容量高效制冷设备，平均综合能效比达到3.4左右，年节约35t标准煤，节省运行费用22.6万元。

（6）能量梯级利用技术。20世纪80年代初，吴仲华院士提出了基于能源品位概念的“温度对口、梯级利用”理念。常见的低品位能源主要有太阳能、地热能、生物质能和工业余热。低品位能源利用技术主要包括光伏光热一体化技术、有机朗肯循环发电技术、溴化锂吸收式热泵技术和生物质热电联产技术等。青岛理工大学周恩泽提出一套污泥中温厌氧消化沼气热电联产系统。中国大唐集团科学技术研究院有限公司许昊煜对一种能量梯级利用型温差发电系统进行数学建模、仿真计算和相应的实验验证。太原理工大学杨巨生设计实施了尾部烟气余热集成梯级利用系统，把高品质抽汽返回汽轮机内，继续膨胀做功。

（7）电能替代技术。为了进一步提升清洁能源在能源消费中的比重，以电代煤、以电代气、以电代油等电能替代相关技术在节能技术推广中得到了快速发展。

1）电极锅炉。电极锅炉通过控制电极与锅内水的接触面积对水加热，产生热水或者热蒸汽。吉林大安市集中供热站内安装了3台10MW电极锅炉和4台350$m^3$、180℃高温蓄能装置，供热面积为20万$m^2$。在采暖期消纳弃风电力4050万kW·h，替代12000t标准煤。

2）发热电缆。发热电缆的发热温度为40～60℃，通过热传导方式加热填充层，经地面材料加热空气。新疆某建筑面积为22000$m^2$的医院节能建筑，采用了80304m发热电缆，项目合计用电功率为1445kW。

3）空气源热泵。目前，空气源热泵主要采用喷气增焓、多级压缩、$CO_2$ 超临界循环等技术，广泛应用于我国夏热冬冷地区。北京市司马台村一个总建筑面积为 77525$m^2$ 的空气源热泵项目，采用了“低环温空气源热泵＋地板辐射供暖”的系统方案。

4）中深层地热-干热岩供暖。用钻机向地下高温干热岩层钻孔，深度通常为 1000～3000m，在孔中安装金属换热器，将地下深处的热能导出，配合热泵提升温度后送到用户端供暖。干热岩供暖方式分为多井连通式和单井取热式。山西首个干热岩供暖项目供热面积近 4 万 $m^2$。陕西省西咸新区同德佳苑小区采用了干热岩供暖，3 口钻井可供 1080 套住房 5.6 万 $m^2$ 采暖面积的用热量。

(8) 需求响应技术。需求响应（Demand Response，DR）是电力用户根据市场的价格信号或激励机制做出响应，并改变固有电力消费模式的市场参与行为。在综合能源系统中，多种能源相互耦合、替代，为需求侧提供了在不同能流间改变用能方法的能力。综合需求响应（Integrated Demand Response，IDR）把负荷分为削减负荷、转移负荷和转换负荷，以自身用能费用最低或者售能费用最高、社会利益最大化、运行费用最低作为优化目标。未来 IDR 的关键主要为多重随机性分析和与可再生能源的联合调度问题。

### 5.4.4 发展现状

综合能源系统技术的优势使其成为世界各国关注的重点，根据不同的需求，各国对综合能源系统技术研究的侧重点各有不同。

1. 美国

2001 年，为了提高清洁能源占比，提高供能系统的经济性和稳定性，美国对冷热电联供技术以及分布式能源技术进行了应用和推广，第一次提出了综合能源系统发展计划。2007 年，美国颁布了《能源独立和安全法案》，将综合能源规划作为能源供应的明确要求。2011 年起，美国天然气使用比例逐年攀升，超过了总能源的四分之一，应对该趋势，美国能源部、自然科学基金会等机构设立了多项课题，研究天然气与电力系统相互耦合的综合能源系统。

2. 加拿大

在加拿大政府出台的 2050 年减排战略内容中，综合能源系统技术起到了支撑和保障作用。不同于美国，加拿大将关注点放在了社区级综合能源系统的建设上。为了推动社区级综合能源系统的建设工作，加拿大政府于 2009 年起相继颁布了多项法案。

3. 欧洲

在综合能源系统的研究与应用方面，欧洲最早将理论付诸实践。在欧盟框架项目的引导下，欧洲各国开展了综合能源系统方面的研究。此外，欧洲各国还根据自身特点和需求在欧盟框架外开展了该领域的研究。英国在综合能源系统的研究方面走在欧盟前列，在英国工程与物理科学研究会的资助下，英国开展了多方面关于综合能源系统的研究，研究领域包括新能源并网，各能源间的协同，建筑中的能源效率提升，以及能源、交通系统与基础设施三者互相的影响因素等。除了英国外，德国也开展了综合能源系统的研究，关注点落在通信系统与能源系统之间的耦合与交互。以 E - Energy 项目为例，德国于 2008 年选择了 6 个试点地区，开展关于智能发电、智能电网、智能用电以及智能储能 4 方面内容的研究。

4. 日本

日本能源稀缺，是主要依赖能源进口的国家，为提升能源利用效率，也相应开展了综合能源系统的研究，为亚洲最早开展研究的国家。2009 年 9 月，日本政府公布了 2020 年、2030 年以及 2050 年的减排战略目标，与加拿大类似，综合能源技术在能源效率提升、结构优化和系统稳定方面起到了至关重要的作用。以日本新能源开发机构（NEDO）提议展开的智能微网与智能社区的研究为例，日本政府对综合能源系统的研究提供了大力支持。

5. 中国

中国在综合能源系统的研究与开发方面，先后启动了“973”计划、“863”计划、国家自然科学基金重大研究计划等，并与英国、德国、新加坡等国开展了国际合作。国网公司、南网公司、清华大学、天津大学、河海大学、华南理工大学、中国科学院等研究单位在综合能源专业领域已形成稳定的研究方向和具备一定实力的科研团队。

我国综合能源系统处于起步阶段，因该技术涉及的能源种类较多，发电企业、电网企业、燃气企业、设备商等都在策划综合能源服务转型，综合能源服务产业形成了充分竞争，推动了综合能源系统实际应用的发展，下面以国内的北京大兴国际机场应用的综合能源系统技术为例，简要介绍综合能源系统的实际应用。

北京大兴国际机场坚持绿色建设理念，高效利用各种能源，其中可再生能源总量占机场年综合能源消费总量的 10%以上。

北京大兴国际机场的可再生能源利用主要包括太阳能光伏发电、浅层地热、污水源热量、烟气余热等。主要包括货运区楼顶、停车楼、能源中心、公务机库的太阳能屋顶光伏设备的安装和应用；在污水处理厂安装污水源热泵；在公务机楼、蓄滞洪区周边、飞行区服务设施等地安装浅层地热利用设施等。

北京大兴国际机场应用的地源热泵系统目前在全国民航业中规模最大，向大兴机场的末端用户提供冷、热能源，涉及空防安保中心、中航油油库等 30 余个使用地块。

# 第6章

# 总结与展望

## 6.1 总　结

随着“双碳”目标的提出，构建以新能源为主体的新型电力系统将成为实现2030年前碳达峰、2060年前碳中和目标的重要举措。未来，新型电力系统发、输、变、配、用各环节的功能定位和特性将发生重大调整，系统的发展也将面临诸多挑战以及急需解决的难点问题。

当前，由于新能源容量替代率低，随着新能源的大规模利用，电源装机规模会以数倍于电力需求的速度增长，并将逐步成为电力能源主体。初步预计，到2030年，我国风电、光伏发电装机将达到15亿～17亿kW，发电量超过2.7万亿kW·h，占全国总发电量的约25%。到2060年，我国风电、光伏等新能源发电装机占比将达到70%以上，发电量占比达到60%以上，成为主体电源。根据规划，2030年，南方五省（自治区）风电、光伏装机将达到2.5亿kW，水电装机将达到1.4亿kW，核电装机将达到3700万kW，非化石能源装机占比提升至65%，发电量占比提升至61%。

## 6.2 展　望

各类电源的定位作用将发生根本性转变，但由于能源自身特性的约束，水电和核电仍然是保障电力电量供应的基础性电源，煤电将转为以提供电力为主、电量为辅的备用保障电源，气电主要作为调节性和保安电源，抽水蓄能仍发挥削峰填谷、紧急事故备用作用，储能在电源侧、电网侧、用户侧同步发展、共同作用，提供可信容量，平抑新能源随机性、间歇性，提升系统调相、调频等性能。

随着电力能源结构的优化调整，能源流也随之变化，电源将呈现多元化布局。经济和能源逆向分布决定了我国“由西向东、自北向南”的总体能源流向，“电从远方来”是保障东中部和南方地区电力供应安全的重要手段。海上风能作为开发重点在沿海地区就近消纳，先进储能、氢能、小堆等技术进步，用户侧电源迅速发展，为“电从身边来”创造有利条件。新能源集中式与分布式开发齐头并进，“新能源＋”等多元协调开发新模式不断涌现。

# 参 考 文 献


[1] 曾鸣，等．综合能源系统［M］．北京：中国电力出版社，2020.
[2] 全球能源互联网发展合作组织．特高压输电技术发展与展望［M］．北京：中国电力出版社，2020.
[3] 王成山，许洪华，等．微电网技术及应用［M］．北京：科学出版社，2016.
[4] 广东电网公司电力科学研究院，钟清．智能电网关键技术研究［M］．北京：中国电力出版社，2011.
[5] 左然，施明恒，王希麟．可再生能源概论［M］．北京：机械工业出版社，2007.
[6] 程明，张建忠，王念春．可再生能源发电技术［M］．北京：机械工业出版社，2012.
[7] 郑丹星．㶲分析的概念与方法［M］．北京：化学工业出版社，2022.